바다를 건너는 달팽이

바다를 건너는 달팽이

권오길 지음

지성사

바다를 건너는 달팽이

초 판 1쇄 발행일 1998년 3월 15일
개정판 5쇄 발행일 2017년 4월 28일

지은이 권오길
펴낸이 이원중

펴낸곳 지성사 출판등록일 1993년 12월 9일 등록번호 제10-916호
주소 (03408) 서울시 은평구 진흥로1길 4(역촌동 42-13) 2층
전화 (02) 335-5494 팩스 (02) 335-5496
홈페이지 지성사, 한국 | www.jisungsa.co.kr 이메일 jisungsa@hanmail.net

ISBN 978-89-7889-101-2 (03470)

잘못된 책은 바꾸어 드립니다. 책값은 뒤표지에 있습니다.

이 도서의 국립중앙도서관 출판예정도서목록(CIP)은 서지정보유통지원시스템 홈페이지
(http://seoji.nl.go.kr)와 국가자료공동목록시스템(http://www.nl.go.kr/kolisnet)에서
이용하실 수 있습니다. (CIP제어번호: CIP2004000863)

생의 이면에 가려진 삶의 본질 꿰뚫어 보라!

첫 책『꿈꾸는 달팽이』이후 지난 수년 동안 필자에 관한 글이 여러 언론 매체에 곧잘 실렸다. 다음은 가장 최근 글(『출판저널』 2004년 2월호)인데 그간의 필자 이력을 잘 풀어놓았다.

강원대학교 생물학과 권오길(64) 교수의 첫 책『꿈꾸는 달팽이』가 나온 지 10년이 됐다. 최근 출간된 『열목어 눈에는 열이 없다』는 그의 아홉 번째 생물 에세이집으로 도감 등 다른 전공 서적과 합한다면 1994년 이후 해마다 한 권 이상 책을 내온 셈이다. 현재 그는 미생물의 세계를 다룬 『바람에 실려 온 페니실린(가제)』을 집필 중이다. 『꿈꾸는 달팽이』를 비롯해 『바람에 실려 온 페니실린』까지 모두 10권이 되면 2005년 8월 정년 퇴임 전에 전집을 낼 계획이다.

권 교수로서는 이 전집에 대한 기대가 남다를 수밖에 없다. 그는 국내 학자로서는 드물게 패류(貝類)를 전공했다. 우리나라 사람에 의한 패류 연구는 1956년 이병돈 선생의 『한국 패류 목록』 발표가 효시고 이후 은사인 고 최기철 선생님을 이어 그가 패류를 주제로 논문을 썼다. 특히 달팽이처럼 땅에 사는 패류 연구는 1979년 권 교수가 발표한 『제주의 육산패 연구』가 처음이다. 이후 스테디셀러인 『꿈꾸는 달팽이』 덕분에 독자들에게 '달팽이 박사'로 알려진 권 교수는 꾸준히 인간 삶을 이해하는 창으로서 생물을 이야기해 왔다. 그가 스스로 생각하기에 지금까지 쓴 책들은 단순히 생물교양서가 아니라 『생물의 죽살이』, 『생물의 다살이』, 『생물의 애옥살이』 등과 같이 인간 삶이 담긴 단편소설집이다.

"똑같은 두 개의 호박을 키우더라도 그냥 둔 호박보다는 사람이 잎을 따 먹은 호박이 훨씬 건강하게 자랍니다. 여기까지가 생물학입니다. 하지만 이 사실에서 시련이 그 삶의 주체를 더욱 강하게 만든다는 이치를 깨달을 수 있습니다. 생의 이면에 숨겨진 삶의 본질을 꿰뚫는다는 점에서 시인과 과학자는 통하는 점이 많습니다. 제자들에게도 항상 시심을 잃지 말라고 주문하는 것도 그 때문이에요."

권 교수 글의 특징은 호방한 그의 성격처럼 종횡무진 거침이 없다는 것이다. 한 인간으로서의 삶과 30년 교직생활 그리고 달팽이 채집을 통해 얻은 체험이 응축된 『꿈꾸는 달팽이』는 집필하는 데 불과 20일밖에 걸리지 않았다.

"『한국동식물도감 연체동물1』을 쓰고 얼마 되지 않아서였습니다. 너무 무리한 탓에 백내장 수술을 받고 몸을 추스르고 있는데 서울사대부고 다닐 때 가르쳤던 이원중이라는 제자가 찾아왔습니다. 자기소개를 하자마자 대뜸 한다는 소리가 책을 내자는 겁니다. '못 쓴다, 못 쓴다.' 하고 버티다 마지못해 '그럼 한번 써 보자.' 했죠."

당시까지만 해도 권 교수는 입담 좋고 책 많이 읽는 생물학자로서만 자족했다. 산으로 섬으로 달팽이만 찾으러 다닐 줄 알았지 산문을 써 본 적은 없었다. 제자의 강권에 마지못해 펜을 집어 들었는데 신기하게도 글이 나왔다. 30년간

6

온갖 고생 다해 가며 한 길을 파다 보니 저절로 글이 되더라는 것이다.

권 교수는 이제 더 이상 새로운 연구 프로젝트에 매달리지 않을 작정이다. 패류학회 회장도 마다했고 전공과 관련된 메일이 오면 제자들에게 '전달'한다. 정년이 얼마 남지 않은 까닭도 있지만 "큰 솔 밑에 작은 솔 못 자란다."라는 말처럼 그가 전공을 가지고 나대면 제자들이 크지 못한다고 생각하기 때문이다. 대신 권 교수는 평생 버릴 수 없는 새로운 전공이 생겼다. 바로 '글'이라는 전공이다. 권 교수는 10년 가까이 생물 채집과 더불어 글 채집을 해 왔다. 종강할 때 항상 제자들에게 보여 주는 「눈을 끄는 단어 및 문장」이라는 제목의 노트에는 그동안 그가 채집한 글들이 빼곡히 들어차 있다. 권 교수는 정년 퇴임을 하면 생물을 소재로 진짜 시와 소설을 써 볼 생각이다. 그에게는 이미 시심이 있고 모국어에 대한 애정이 있다. 게다가 생물 세계에 대한 지식이 일반 시인들이나 소설가들보다 훨씬 풍부하므로 그 누구보다 경쟁력을 갖춘 예비 작가라고 할 수 있다.

『바다를 건너는 달팽이』 탄생일이 언제였는지 지금은 까마득하다. 하지만 그때도 최근의 『열목어 눈에는 열이 없다』를 집필할 때처럼 열정적으로 글을 썼을 것이며, 출간 즈음엔 다소 설레었으리라. 그때의 열의로 이 녀석의 재탄생을 다시 한번 축하한다!!!

2004년 4월 권오길

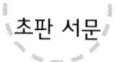

생물계는 우리의 거울이요, 반면교사이다

풍요는 인간을 오만하게 하고 의지를 약하게 하여 끝내는 쇠망의 길로 들어서게 한다. 그래서 행운을 만났을 때 더 신중해야 하고 성공한 자는 더더욱 겸허해야 한다. 왜 우리는 풍요로운 사회에서는 되레 '없다'는 것이 귀중한 재산이라는 것을 모르고 있다가 속 빈 강정으로 떼죽음을 당하게 됐을 때라야 뒤늦게 깨닫는 것일까. 하물며 너구리도 들구멍을 팔 때는 날구멍을 파 놓는다고 하는데 말이다. 지구라는 집안이 결딴나서 껍데기까지 벗어야 할 판이 되고 보니 염치머리가 없어 하는 소리이지만 후회해도 정녕 부질없는 옛일이 되고 말았다. 모두가 살림살이를 잘 못해 그리 됐으니 함께 참회하고 꼿꼿이 거듭나서 새 살림을 차려야 하겠다.

이 책의 부제에 '죽지 말고 살자', '죽이지 말고 살리자'라는 뜻의 '살린 살이'를 썼는데 필자가 쓴 『생물의 죽살이』와 『생물의 다살이』를 읽은 동료 숨결새벌(손동진) 선생께서 다음 책 이름에는 '살린살이'를 넣었으면 좋겠다고 일러 와서다. 선생은 '살다'라는 말에서 사람, 사랑, 살림, 삶이 생겨났고 또 거기에는 '죽이지 말고 살리자.'라는 의미도 들어 있으니 살린살이가 좋겠다는 것이다.

어줍잖은 우리 인간들은 모두 잘나서 맞섬과 다툼만 알았지 비킴과 베풂은 모르고 산다. 그래도 우리는 어느 날 꼭두새벽에 '다윈' 아저씨가 담을 헐고 들이닥쳐 온 세계가 약육강식, 적자생존 법칙이 횡행하는 동물 세계가 되기 전까지는 정이 통하는 세상에서 살아왔다. 아쉽지만 우리도 정글의 법칙에 빨리 적응하여 살아남아야 하는데 적응이란 한마디로 남과 다르게 분화(分化)되고 특수화되는 변화다. 적응은 생물을 다양하게 하고 진화시킨다. 그러나 이 험한 서바이벌 게임에서 살아남기란 그리 쉽지 않다. 달리 말해 만들어 놓은 길이 아니라 새로 길을 만들어 가야 하므로 무척 힘들고 어렵다는 것이다.

어쨌거나 한 해 한 권씩 독자들에게 바치겠다는 약속을 지킬 수 있어서 다행이다. '과학에 관한 글은 원숭이도 읽게시리 쉽게 써야 한다.'라는 나의 집필관에 충실하려고 애쓴 것도 하나의 보람이라 하겠다.

이 책은 사람 잡는 바이러스에서 시작하여 짚신벌레의 사랑, 해삼의 내장 터뜨리기, 들쥐의 모정, 세포의 자살, 세포 하나에 들어 있는 2미터 길이의 DNA까지 생물 전반에 관해서 나름대로 쉽고 알차게 정리를 해 났다.

이 책은 〈강원일보〉 등 여러 곳에 연재한 글에 새로 쓴 글을 보태어 만든 것으로, 한 해를 꼬박 여기에 매달려 살았다 해도 과언이 아니다. 과학의 대중화에 나름대로 일조를 했고 진력을 다했다고 자위하면서, "한 번에 두 켤레의 신발은 신을 수 없다." 하니 이 정도로 만족하고 다음에 더 좋은 책을 내겠다는 다짐을 해 본다.

생물계는 우리의 거울이요, 반면교사다. '바다를 건너는 달팽이'처럼 굼뜨지만 꾸준히 살아가는 것도 어려운 시대를 이겨 내는 지혜가 아닌가 싶다.

1998년 2월 권오길

CONTENTS

바퀴 꼬리털에 숨어 있는 비밀병기

바퀴는 어느 집에나 몇 마리씩 있어서 밤이면 기어 나와 부엌을 지키고 가끔은 옷장에도 방문한다. 쥐와 바퀴를 사람들은 유달리 혐오한다. 그런데 어쩔 도리가 없다. 바퀴는 없앨 수가 없는 것이니 차라리 그러려니 하고 같이 살아가는 게 어떨까 싶다. 비싼 돈 주고 무슨 약을 사다 놔도, 또 뿌려도 헛수고라는 것을 우리는 벌써 경험한 바 있다.

바퀴는 일찌감치 세계화를 해서 저 추운 한대지방을 제외하고는 어느 곳에나 살고 있다. 이렇게 어디에서나 사는 놈을 세계공통종이라 부른다.

바퀴는 약 4억 년 전 고생대 석탄기부터 이 땅에서 살아왔다고 보는 것으로 그때의 화석에서 채집이 된다. 그래서 멸종되지 않고 여태껏 큰 변화 없이 살아온 놈이라 이런 생물을 생화석(生化石)이라 하는데 식물에서는 은행나무 같은 것이 그 부류에 든다. 사람이 지구에 태어난 것을 100만 년 전으로 본다면 4억 년 전에 태어난 바퀴는 우리한테 한참 형님뻘이다. 먼저 태어났을 때 형님이라 부르니 하는 말이다.

원래는 더운 열대지방에서 살기 시작한 이놈들이 아열대지방을 거쳐서 지금은 온대지방까지 쳐들어왔으며 세계적으로 4,000여 종이 살고, 우리나라에도 9종이 서식하고 있다는 기록이 있다.

　이들은 음식을 갉아먹고 거기에 똥을 싸서 더럽히는 것은 물론이고 이질이나 장티푸스를 옮기니 두말할 것도 없이 해충이다. 특히 씹는 이틀이 발달해서 아무것이나 잘 먹는 잡식성으로, 번식력도 다른 곤충 못지않다. 잘 살펴보면 더듬이가 무척 길고 다리도 다른 벌레에 비해 긴 편이며 각 마디에 가시돌기가 송송 돋아나 있다.

　색깔도 적갈색, 갈색, 회색, 흑색으로 다양하고 수놈이 암놈보다 조금 작다. 곤충들이 하나같이 수놈이 작은 것은 정자(씨)만 뿌리면 되어 고등동물같이 자식에게 먹이를 모아 줄 필요가 없기 때문이다. 짝을 짓고 사는 동물들은 어미와 자식을 벌어먹이느라 도리어 수놈이 덩치가 큰데 말이다.

　우리나라에 사는 바퀴 무리는 바퀴[*Blattella germanica*]와 이질바퀴[*Periplaneta americana*]가 가장 많다. 바퀴는 흔히 '독일바퀴'라 부르는 것인데 집바퀴 중에서 아주 작은 놈으로 몸길이가 1~1.5센티미터 정도고(학명의 종명 *germanica*에서 '독일바퀴'라는 이름이 붙은 것이다), 이질바퀴('미국바퀴'라고 부르면 되겠다)는 아프리카에서 탄생했다고 추정되는데 아주 큰 놈으로 몸길이가 3.5~4센티미터나 된다. 박쥐만 한 이놈이 방에 날아드는 날에는 아이 어른 가릴 것 없이 자지러진다. 미국 것들은 쥐도 고양이만 하고 바퀴도 엄청나게 크다.

　앞에서 집바퀴란 말을 썼는데 바퀴는 집 안에서만 사는 것이 아니라 정원이나 산 속의 썩은 나무 둥지 밑에서도 산다. 이질바퀴처럼 불빛에 찾아드는 날개가 있는(유시류) 놈, 날개가 없어 기어 다니

기만 하는 것(무시류)도 있다. 4,000종이 넘으니 별난 녀석들이 다 있다.

내가 어릴 때만 해도 부엌 살강 밑에는 바퀴가 없었다. 이나 벼룩이 연탄가스에 다 죽어 나자빠졌다는데도 이놈들은 도시에서 끄떡없이 버틴다. 엄청나게 강한 놈들이다.

바퀴는 잡식성이라고 했는데 아무것이나 다 먹으니 소화효소도 여러 종류를 만든다는 의미가 되겠다. 그런데 사람도 이 식성과 성질이 함수관계에 있다. 일반적으로 음식 까탈을 부리는 사람치고 성격 좋은 사람이 별로 없다. 그리고 인간도 육식을 주로 하는 민족은 성질이 사납고 공격적인 반면 초식을 주로 하는 민족은 소같이 온순하고 순종적이다. 요즘 아이들은 고기를 많이 먹은 탓인지 싸움을 해도 죽기 살기로 하고 성격도 그렇게 거칠다.

그건 그렇다 치고 바퀴는 사마귀와 사촌 간이라 같은 목(目)에 들고 다 같이 앞날개는 크고 딱딱하며 날지 않을 때는 막성(膜性)인 부드러운 뒷날개를 접는다.

아이들에게 바퀴를 잡아 주고 만지작거리면서 다리가 3쌍인 것을 관찰해 보도록 하는 것은 어떨까. 관찰한 후에는 비누로 손을 씻으면 된다. 바퀴는 어둡고 축축한 곳을 좋아해 알도 그런 곳에 낳는다. 특징이 있다면 낳은 알들을 덩어리로 만든 후 알주머니에 쌓아 둔다는 것이다. 15~40개의 알을 가지런히 두 줄로 붙여서 모양 나게 주머니에 담는데 그것을 곧바로 마루 틈에 끼워 두는 놈이 있는가 하면 알이 부화되기 직전까지 배 밑에 차고 다니는 암놈도 있다. 이것이 어미 바퀴의 모성애다.

알에서 깬 바퀴 새끼는 날개만 없을 뿐 어미를 빼닮았다. 바퀴는 메뚜기, 풀무치처럼 직접발생을 한다. 직접발생은 알에서 애벌레가 나오고 그것이 커서 번데기가 되는 완전변태와는 다른 발생법이다. 어미의 축소판이 새끼라는 것이다.

바퀴도 암수가 짝짓기를 하는데 바퀴와 이질바퀴는 다른 종이라 그들 사이에서는 새끼가 생기지 않는다. 무슨 말인고 하니 그것이 궁합이라는 것으로 생식기 구조가 서로 맞지 않으면 교미가 안 된다는 것이다. 그래서 생물학에서는 생식기 구조를 서로 비교하여 동물의 종(種)을 나눈다. 달팽이도 같은 종은 생식기 구조가 같아서 끼리끼리 궁합이 맞는다.

바퀴가 몸이 납작해진 것은 제 나름대로는 좋은 쪽으로 진화된 것이다. 틈새를 쉽게 드나들 수 있으니 말이다. 그런데 바퀴를 잡으려면 여간 빠르게 내려치지 않으면 안 된다. '순식간'이라는 말은 그때 쓰는데 어떻게 바퀴는 그렇게 재빠르게 도망갈 수가 있을까.

바퀴도 곤충이라 더듬이고 눈이고 있을 것은 다 있다. 세계 도처 연구실 안에서 바퀴의 행동을 연구하는 학자들이 숱하다. 언필칭 바퀴박사들 말이다. 어떻게 바퀴가 두꺼비의 끈적한 혓바닥에 걸리지 않고 내빼는가도 그들이 연구하는 프로젝트 중 하나다. 벌레 잡기의 명수인 두꺼비도 바퀴를 잡을 확률은 45퍼센트 정도에 지나지 않는다니 바퀴의 요술은 무엇일까.

결론부터 말하자면 바퀴는 눈이나 더듬이로 천적이 공격해 오는 것을 알아차리는 게 아니라 꽁무니 뒤에 튀어나온 2개의 꼬리털로 안다. 꼬리털에는 220개의 부드러운 털이 나 있는데 이것으로 두꺼비가 혀를 쏙 내밀 때 일으키는 바람을 감지해 잽싸게 도망친다는 것이다. 그래서 이 감각기관을 잘라 버리면 바퀴가 도망가는 비율

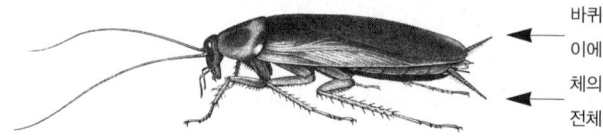

바퀴는 2개의 꼬리털과 더듬이에 퍼져 있는 감각기로 물체의 움직임을 감지하여 군집 전체가 재빨리 도망친다.

이 약 7퍼센트로 떨어진다고 한다. 투명한 아크릴판을 사이에 두고 한쪽에는 바퀴를, 다른 곳에는 두꺼비를 넣었는데 두꺼비는 바퀴를 잡겠다고 머리를 쾅쾅 판에 부딪히는데도 바퀴는 꿈쩍도 하지 않더라는 것이다. 여기서도 바퀴의 도주는 시각, 청각, 후각 충동이 아니라는 것을 알 수 있다.

여러 관찰과 실험 결과 바퀴가 도망가는 것은 기류(氣流) 때문이라는 것을 찾아냈다. 꼬리털 끝에는 뇌와 연결된 특수신경이 있는데 이것이 대단히 예민하다는 사실도 알아냈다. 우리가 파리채로 바퀴를 잡을 때 채가 바퀴 쪽으로 이동하면서 미세한 기압의 차(바람)를 만드니 그것을 꼬리털이 재빨리 느낀다는 것이다. 다 살게 되어 있다고는 하지만 눈도 더듬이도 아닌 꼬리 끝 쪽 배에 붙은 2개의 털이 바퀴를 도망가도록 한다니 꽤나 흥미롭다. 바퀴도 나름대로 다른 곤충들과 썩 다른 면이 있다. 그것이 바퀴의 재주다. 굼벵이도 구르는 재주가 있다지 않는가.

세계공통종
 생물은 사는 곳(환경)에 적응하느라 모두 다르게 바뀌어 간다. 즉 원래는 같은 종이었으나 자기의 환경에 따라 다른 종이 되어 간다. 그래서 그 나라에 고유종(그 나라에만 사는)이 만들어지는데, 세계에 공통으로 퍼져 사는 종도 있어서 이를 세계공통종이라 한다. 가장 가까운 예로 사람도 황인종, 백인종, 흑인종으로 나뉘지만 겉만 다를 뿐 속(유전적 성질)은 같아서 같은 종이고 개, 돼지, 양도 그렇다.

간접발생과 직접발생
 동물의 발생도 다 달라서 어미와 꼭 닮은 자식을 낳아 그것이 커 가는 경우를 직접발생이라 하고 새우나 게, 나비처럼 여러 단계의 탈바꿈을 하여 성체가 되는 것을 간접발생이라 한다. 사람이나 개도 엄밀히 구분하면 직접발생이 되겠지만 이 용어는 주로 곤충에 많이 쓴다.

종(種)
 종은 생물 분류의 기본 단위로, '개체 사이에서 교배가 가능한 한 무리의 생물'을 말한다. 즉 종이 다르다는 것은 다른 생물군과는 생식적으로 결합할 수 없다는 뜻이다. 그러나 반드시 이렇게 명쾌하게 선이 그어지는 것은 아니라서 사자와 호랑이, 말과 당나귀 사이에서도(다른 종인데도) 튀기(잡종)가 생겨나기도 한다.

눈코는 없어도 친구와 적은 잘도 안다

산에서 나면 산삼(山蔘)이요, 바다에서 나면 해삼(海蔘)이라. 우리는 이들 삼(蔘) 자 붙은 것을 식보(食補)하는 것으로는 최고로 친다. 사실 중국 요릿집에 어쩌다 가도 자장면이거나 우동이지 비싼 해삼 요리를 시켜 먹기는 특별한 날이 아니면 우리 서민들로서는 쉬운 일이 아니다. 다들 이렇게 알뜰하게 아껴 검약이 몸에 배어 살아가는데 몇억, 몇조 원의 뇌물이 어쩌고 하는 소리를 들으니 약이 바싹 오르고 픽 김이 빠지기 일쑤다.

그런데 이렇게 신경질을 내면 약만 오르는 게 아니라 몸에도 해롭다는 것을 해삼의 생리적인 반응에서 본다. 해삼은 외부의 자극을 심하게 받으면(그것도 스트레스다) 내장을 토해 내고 더 심한 충격을 받으면 몸을 잘라 버리는 자절(自切)을 한다. 그래서 사람도 신경 쓰면 오장육부가 썩고 차마 분신(分身)은 못해도 사지가 잘리는 듯한 고통을 느낀다.

해삼은 항문 안에 아가미를 대신해 주는 호흡수(呼吸樹)라는 기관이 있어 그곳으로 숨 쉬기를 하는 특징이 있다. 호흡수 끝에는 맹낭(끝이 막힌 주머니란 뜻으로 사람의 맹장도 그런 의미다)이 있어 적(포식자)이 침입하면 이 주머니가 터지면서 그 속에 저장돼 있던 점액이 항문으로 방출돼 피부에 들러붙는다. 포식자들은 언제나 먹잇감(피식자)의 내장을 좋아하는지라 물고기들은 이 점액 덩어리를 냉큼 먹어 치운다. 해삼이 멋으로 그 짓을 했을 리 만무하다. 점액에는 홀로수린(holothurin)이라는 사포닌 비슷한 독소가 들어 있어서 그것을 먹은 물고기는 다시는 해삼에게 접근조차 하지 않는다.

해삼은 더한 위기에 처하면 내장 전부를 토해 내어 내장을 적이 먹게 하는 자해 행위도 서슴지 않는다. 도마뱀이 꼬리를 던져 주듯이 속 다 빼 주고 살아남아 내장을 새롭게 만든다니 끈질긴 생명력을 지녔다 하겠다. 자절 행위로 몸 반 토막을 떼어 내 주고도 살아남는다니 저 무서운 생존 전략에 아연실색하여 혀를 내두를 수밖에. 생선가게에서 재미있다고 해삼을 만지면 주인이 펄펄 뛰는데 해삼살이의 특징을 잘 이해하는 그들로서는 그것이 영락없이 해삼을 죽이려는 행위로밖에 보이지 않기 때문이다.

해삼은 영어로는 sea-cucumber인데 직역하면 '바다오이'다. 우리는 사는 곳에 의미를 둬 '바닷삼'이라고 이름 붙였는데, 서양 사람들은 해삼의 외형에 비중을 뒀던 모양이다. 산 해삼을 잘 관찰해 보면 몸이 원통형으로 길고 등에는 오돌토돌한 돌기가 나 있어 오이를 빼닮았다.

학자들은 해삼을 불가사리, 거미불가사리, 성게와 함께 극피동물(棘皮動物)에 넣는데 이놈들은 다른 것들과 달리 껍질에 가시가 없다. 살갗에서는 미끈한 점액이 많이 분비되고 살 속에는 뼛조각(골판)이 들어 있는데 그 주성분은 탄산칼슘이거나 탄산마그네슘이다. 이미 2300여 년 전 생물학의 아버지인 아리스토텔레스가 동물을 무혈류(無血類)와 유혈류(有血類)로 나눴는데 해삼을 무혈류에 집어넣었다.

어쨌거나 오늘도 해삼들이 바다 밑에서 꿈틀거리고 있다. 교육부가 발행한 『한국동식물도감』(1996년) 제36권 「극피동물편」을 보면 우리나라에서 나는 해삼은 27종으로 비늘해삼, 잎사귀해삼, 광삼, 돌기해삼, 닻해삼 등이 있는데 그 중 먹을 수 있는 것은 광삼과 돌기해삼 무리다. 우리가 주로 먹는 것이 돌기해삼(Stichopus japonicus)이다. 해삼을 먹는 나라는 지중해 연안의 몇 나라와 동남아, 중국, 일본, 우리나라로 그리 많지 않다. 해삼을 먹지 않는 곳에 터를 잡은 해삼들은 최대의 천적을 만나지 않고 사니 얼마나 다행스런 일인가. 어떤 나라에서는 잡아서 비료로도 쓴다는데.

예로부터 해삼은 피의 영양을 돕는 한약재로도 사용되었고 해삼을 이용한 중국 요리만도 20가지가 넘는다고 한다. 필자도 큰사위 덕분에 '고노와다'라는 해삼 내장젓을 먹은 적이 있는데 그 맛이 지금도 잊혀지지 않는다. 지금도 입 안 가득히 군침이 돈다.

해삼은 북극에서 남극까지 어디에서나 살고 조간대에서 바다 밑 10킬로미터 깊이까지 산다니 곤충만큼이나 생태적인 성공을 한 무리다.

극피동물들(특히 불가사리와 해삼)이 우점종(優点種)으로 바닥에 널브러져 있는 심해 중에서도 해삼은 특히 찬 바다를 좋아해 근해에 사는 놈들은 여름밤이면 깊은 바다로 기어들어 가 잔다.

해삼은 입과 항문이 앞뒤에 있으나 깊은 바다 밑바닥에 사는 놈은 등쪽에 입이 있기도 하다. 입가에는 15개 내지 30개의 촉수가 있어서 플랑크톤이나 침강물질을 받아먹기도 하고 때로는 땅바닥의 진흙을 훑어 넣어 그 속의 유기물을 소화시키기도 한다.

해삼은 암수한몸(자웅동체), 암수딴몸(자웅이체)인 것이 있는가 하면 새끼를 낳는 태생종도 있다니 다양화의 극치를 보여 주는 생물이라 하겠다. 체외수정을 하여 발생한 유생은 여러 단계의 유생기를 거쳐서 성장한다. 해삼 수명은 대략 5년이다.

해삼은 앞에서도 말했지만 몸의 독소로 자기를 방어하는데 사람은 이것을 이용해 해삼 조각이나 즙액을 돌 밑에 집어넣어 물고기를 마취시켜 잡는다니 무척 흥미롭다. 바로 해삼 체내에 있는 홀로수린이라는 독성을 이용해 고기를 잡는 것이다. 그런데 해삼을 지푸라기로 싸 두면 녹아 없어진다는데 그 원인은 아무리 찾아봐도 알 길이 없었다.

해삼의 내장은 긴 편으로 몸길이의 2배나 되는데 이미 이야기했듯이 이것이 우리에게는 맛있는 젓갈이 되나 하도 비싸 구경하기는 쉽지 않다. 소화관의 끝 쪽 항문 안에 호흡수라는 호흡기관이 있다고 말했는데 숨이고기라는 작은 물고기는 모나카리해삼의 항문에 들락거리며 살고, 융단속살이게는 이놈의 장 속에 산다. 흰해삼의 장 속에는 흰해삼속살이게가 산다. 누이 좋고 매부 좋은 하나의 공생(도움살이)이 이루어지고 있는 현장이다.

숨이고기는 큰 고기가 잡아먹으려고 달려들면 재빨리 해삼 똥구멍으로 쏙 들어가 버린다. 쫓던 물고기는 해삼이 독이 있어 언감생심 달려들지 못하고. 이렇게 숨이고기는 해삼한테 톡톡히 신세를 지는데 어떻게 그 빚을 갚을까. 그렇다. 숨이고기가 들락날락거릴 때 항문으로 바깥의 깨끗한 물이 들어가고 속의 더러운 물이 빠져 나옴으로써 호흡수가 깨끗한 공기를 얻을 수 있다는 것이다. 이렇게 세상에는 서로 공생관계를 잘 유지하면서 살아가는 무리들이 많다. 아마도 숨이고기가 아닌 놈이 항문에 침입했다면 맹낭을 터뜨려 독을 뿜었을 것인데 눈도 코도 없는 해삼도 적과 동지는 귀신같이 알아낸다.

눈코 없는 해삼이 감각점으로 무엇인지를 알아낸다고 했는데 시각 장애인들도 손가락 끝으로 글을 읽지 않는가. 사람의 피부에도 따뜻한 것을 느끼는 온점, 차가운 것을 느끼는 냉점, 아픔을 느끼는 통점 등 무수히 많은 감각점이 분포하고 있어서 이것들이 감각작용을 한다. 눈, 코, 귀가 없는 사람이 있다면 그는 해삼과 비슷한 방법으로 지각할 것이다.

자절

동물이 몸의 일부를 스스로 절단하여 생명을 유지하려는 현상이다. 자기절단, 자할(自割)이라고도 한다. 자절은 무척추동물에 많고, 편형동물(촌충)·환형동물(지렁이)·극피동물(바다나리·불가사리)·갑각류(게·새우)와 척추동물(도마뱀) 등에서도 볼 수 있다. 자절은 대부분 탈리절(脫離節)이라고 하는 미리 정해진 일정한 부위에서 일어난다. 도마뱀은 꼬리 추골(椎骨)의 중앙부에 절단되기 쉬운 부분이 몇 군데 있고, 게는 걷는 다리의 기절(基節)과 좌절(座節)의 연결 부위에 있다. 이 탈리절에는 자절 때의 출혈을 방지하기 위한 막이 있으며, 근육이 심하게 수축하여 절단된다. 자절은 중추신경계와 관련하여 일어나므로 신경을 마취시키면 자절 부위를 건드려도 절단이 일어나지 않으며, 반대로 그 부위를 건드리지 않아도 중추신경의 적당한 부위를 자극하면 자절이 일어난다. 자절은 재생력이 강하므로 대개의 경우 상실된 기관은 자절된 후 바로 재생된다. 개체의 증식을 목적으로 한 자절을 생식자절이라고 한다.

재생

생물체의 일부가 상실되었을 때 그 부분을 보충하는 현상이다. 일반적으로 모든 생물체는 몸의 일부가 상실되었을 경우 그 부분의 조직이나 기관을 다시 만들어 원래 상태로 복구시키는 기능을 정도의 차이는 있지만 가지고 있다.

재생 능력은 몸체제가 간단하고 계통적으로 진화의 정도가 낮은 것일수록 강하다. 지렁이는 몸이 절단되면 절단면에서 상실된 부분을 만들어 내어 원래와 같은 몸으로 만든다. 도롱뇽이나 도마뱀의 꼬리, 게나 새우의 집게, 어류의 지느러미 등의 재생현상은 자연계에서 쉽게 관찰된다. 불가사리는 여러 조각으로 절단되면 절단된 조각 하나가 한 마리의 불가사리가 된다. 사람도 잘려 나간 간의 일부를 재생시키는데 어른보다 아이들이 훨씬 재생력이 강하다.

천하의 불가사리도 갈매기의 밥이 된다

　　　　모양은 곰이고 코끼리의 코, 무소의 눈, 소의 꼬리, 범의 다리를 가졌으며 쇠를 능히 먹고 악몽을 물리치며 사악한 기운을 쫓는다. 이 동물의 이름이 무엇이겠는가. 바로 불가사리[不可殺伊]라는 아무도 보지 못한 상상 속의 짐승이다.

　　머리는 사자고 몸통은 염소(양), 꼬리는 뱀인 희랍 신화에 나오는 키메라(Chimera)라는 상상의 동물도 있다. 둘 또는 그 이상의 식물을 접목시켰을 때 양쪽의 성질을 모두 나타내는 현상을 키메라라고 하고, 두 동물의 조직을 이식했을 때 이조직(異組織)의 공생체를 만드는 경우도 키메라라 한다.

　　이제 본론으로 돌아와서 요즘 많은 곳에서 황소개구리 소탕 작전(?)에 이어 불가사리 잡기에도 열을 올리고 있다. 앞의 놈은 외제가 토종을 잡아먹으니 죽여야 하고, 뒤의 놈들은 사람이 잡아먹을 조개를 다 먹어 치우니 박멸해야 한단다.

　　불가사리는 가시 형태와 골격의 모양에 따라 현대목(顯帶目)·유극목(有棘目)·차극목(叉棘目) 3목으로 나뉘며, 세계에 약 1,700여 종이, 우리나라에는 200여 종이 산다.

불가사리는 몸통인 체반(體盤)을 중심으로 보통 팔(우리는 다리라 한다)이 밖으로 오방사(五放射)로 나 있는데 도끼로 난도질을 해도 체반의 5분의 1만 괜찮으면 재생되는 끈질긴 놈이다. 우리나라에서도 이 점을 잘 알아 불가사리를 잡으면 둑에 모아 말려 죽인다.

조개 양식에 해를 끼치는 불가사리에는 전갈가시불가사리, 검은띠불가사리, 빨강불가사리, 아무르불가사리, 별불가사리가 있는데 하나같이 팔이 다섯이고, 그 중 별불가사리가 여름 바닷가에서는 가장 흔하다.

불가사리는 패류의 천적으로 양식업을 하는 사람들에게는 생계를 위협하는 골칫거리다. 이놈들은 먹음새가 너무 좋아서 안 먹는 것이 없으니 딱딱한 산호까지 뜯어 먹고 새우, 갯지렁이, 죽은 물고기도 마다하지 않는다. 보통 때는 바다 밑의 찌꺼기를 주워 먹는 청소부 역할도 하지만 말이다.

그러면 불가사리의 천적은 없는 것일까. 도감을 찾아봐도 언급이 없을 정도로 천하무적인 것 같으나 천적이 없는 생물이 없으니 바다 위의 청소부인 갈매기한테는 쪽을 못 쓴다.

이들도 암수딴몸으로 때가 되면 서로를 알아차리고 각각 난자와 정자를 분비하여 물에서 수정을 한다. 그리고 여러 단계의 탈바꿈을 하여 1밀리미터도 안 되는 꼬마 불가사리가 되어 바닥에 터를 잡는다. 이들은 거의 움직이지 않고 한자리를 지키며 살아간다.

그런데 천적다운 천적이 없는 불가사리는 어떻게 개체 수를 조절할까. 그 많은 새끼(유생)가 다 어미가 된다면 바다 밑은 몇십 미터 깊이로 불가사리층을 이룰 터이니 말이다. 다 살기(조절) 마련이니 변태 중인 유생들은 일종의 동물성 플랑크톤이라 물고기, 새우, 해

파리 등에 잡아먹혀서 개체군이 조절된다. 이렇게 먹는 것도 중요하지만 먹히는 것은 더 긴요한 생물현상이다. 생태계는 먹고 먹힘으로 평형을 이뤄 돌아가는 것이다.

불가사리는 보통 발이 5개지만 동해안에서 나는 우치다햇님불가사리는 11개, 문어다리불가사리는 36개나 되고 열대지방의 어떤 종은 50개가 넘는다. 우리나라에서 제일 큰 팔손이불가사리는 팔 길이가 30센티미터를 넘어 큰 방석만 하다. 어망에 걸리라는 고기는 안 걸리고 이놈들만 가득가득 나와 어부들은 정말 죽을 맛이다. 1개월 된 새끼 놈이 1주일에 조개 50마리를 잡아먹는다니 목장을 침입하는 들개나 닭장을 넘나드는 족제비만큼이나 사람들이 골머리를 앓게 하는 놈임에는 틀림없다.

그런데 녀석들은 수온에 민감한 편이라 겨울에는 대부분 수심 100미터쯤으로(섭씨 13, 14도) 기어들어 가고 여름에는 밖으로 기어나온다(수심 20~50미터 근방에 많다). 이런 습성은 어류와도 비슷한데 남해안 굴 양식장에 창궐하는 아무르불가사리가 다행하게도 여름철에는 서늘한 깊은 곳으로 퇴각하는 이유도 바다의 수온이 높아져 더위를 견디지 못해서다.

먹새 좋고 생식력 강한 불가사리도 독불장군으로 살지 못하니 불가사리 몸에 기생하는 것들이 많다. 불가사리를 조금씩 병들게 하는 원생동물, 갯지렁이, 해파리, 고둥 무리 등이 그것인데 내장에 기생하는 기생충도 허다하다.

불가사리는 특히 수심이 깊은 동해안에 많다. 동해안은 북쪽에서 내려오는 리만 한류와 남쪽에서 올라오는 쿠로시오 난류가 만나는 곳이라 이런 극피동물말고도 어류, 패류가 풍부하고 한대성·열대성 생물이 공존하는 특징이 있다.

그런데 이 불가사리는 경계색이 매우 강해 꾸물거리는 그놈들을 보면 징그러워 저절로 눈길을 피하게 된다. 빨간색, 샛노란색, 황갈색, 푸른색 등 지구의 온갖 천연색을 다 모아 놓았다. 어쩌다 새벽 어시장에 들르면 경매장 구석에서 어망을 부산스럽게 털어 대는 아낙네들을 볼 수 있다. 거미불가사리 무리들이 그물에 붙어 있으면 떼는 데도 애를 먹는다. 아무래도 불가사리는 우리에겐 이득보단 해를 더 많이 주는 놈이 아닌가 싶다.

올챙이 적 기억을 잊어야 개구리가 된다

"올챙이 개구리 된 지 몇 해나 되나."란 말은 무슨 일에 좀 익숙해진 사람이나 가난하게 지내다가 겨우 좀 형편이 편 사람이 지나치게 잰 척함을 핀잔 줄 때 쓰고, "올챙이 적 생각은 못하고 개구리 된 생각만 한다."라는 말은 성공한 자가 그전의 일을 생각지 않고 오만하게 굴 때 쓰는 말이다.

개구리가 올챙이 때 생각을 하기 어렵다는 것은 개구리가 엄청난 탈바꿈의 결과기에 그럴 듯하다고 본다. 올챙이 때는 물에 살면서 물고기처럼 머리 뒤 양켠에 있는 아가미로 호흡하고 아무거나 먹어 대는 잡식성에다 꼬리까지 달고 다니지만, 앞뒷다리가 생기면서 꼬리가 없어지고(떨어져 나가는 게 아니고 세포가 모두 녹아 몸에 흡수된다) 땅으로 올라와서는 허파호흡(사실은 피부호흡이 거의 전부고 허파는 보조 역할을 한다)을 하고 식성도 벌레를 잡아먹는 육식성으로 바뀐다. 그러니 어찌 개구리가 올챙이 적 일을 기억하겠는가. 어릴 때는 몸집에 비해 배만 똥똥하게 나와 말 그대로 '올챙이 배'였으나 개구리가 되면 말쑥한 몸매에 배도 홀쭉 들어가 버린다.

개구리는 어째서 이렇게 몰라보게 변하는 것일까. 물고기는 물에서 태어나고 살기에 눈쟁이(송사리)나 어미의 꼴이 비슷하나 올챙이는 물에서 자라다가 뭍으로 올라오니 그렇다고 해 두자.

큰 웅덩이에 올챙이가 떼 지어 꼬물거리는 것을 보노라면 동심이 되살아나 올챙이를 꼬챙이로 찌르거나 올챙이 떼에 돌팔매질을 하게 된다. 그런데 올챙이는 왜 떼를 이루는 것일까, 한배내기끼리 모인다니 서로를 알아보는 것일까, 알아본다면 어떤 방법으로 서로 신호를 보내고 의사소통을 할까, 또 여러 마리가 모여 살면 어떤 점이 유리할까? 이처럼 동물의 행동을 연구하는 생물학을 동물행동학이라 하는데 근래 많은 각광을 받고 있다.

예를 들면 동물행동학은 벌이 어떻게 6킬로미터 밖의 꽃을 찾는지, 거기서 어떻게 제 집으로 찾아드는지, 친구 벌에게 어떤 몸짓으로 먹이 있는 곳을 알려 주는지(오스트리아 동물학자 프리슈가 밝혀 노벨생리·의학상을 받았다) 등을 주로 연구한다. 그러나 동물들의 뭇 행동은 아직도 베일에 많이 가려져 있다. 올챙이의 행동 일부를 보자.

요즘은 찾아보기조차 어려운 절구가 옛날에는 집집마다 맷돌과 함께 가정의 필수품이 아니었던가. 절구 속에 든 것들을 찧는 나무 몽둥이를 방앗공이 또는 절굿공이라 한다. 외손자를 안느니 방앗공이를 안는다고 하고 손자는 올 때 반갑고 갈 때는 더 반갑다고도 하는데, 외손이 친손만 못하다는 피의 짙기와 아이 보기가 무척 힘들다는 것을 내비친 말들이다.

근래 필자도 '방앗공이'보다 못하다는 외손자, 외손녀의 재롱에 흠뻑 빠져서 몸은 비록 부대끼어 녹초가 되나 마음은 한없이 젊게 지낸다. 손자들이 "하지!" 하면서 내 볼에 살을 부비면 녀석들을 살며시 보듬으면서 '이놈들이 피(유전인자)라는 것을 알고나 있을까?' 속으로 묻는다. 어려운 말로 친족인지(親族認知)를 하느냐는 것인데 겨레붙이라는 것은 분명히 있다고 본다. 아비(사위)가 오면 한결같이 그쪽에 달라붙으니 말이다. 그래서 피는 못 속이고 한 다리가 천리라는 것이다.

본론으로 돌아가 올챙이는 어떤가. 여러 실험 결과 한배내기는 서로를 알아내고 같이 지내기를 좋아하며 개구리가 되어서도(흩어져 살지만) 서로를 인지해 낸다고 한다. 친족을 알아내는 이유는 첫째, 태어나 같이 지내므로 친숙해진다는 것이고(가족을 제일 먼저 안다) 둘째, 친족의 특징을 알고 기억한다는 것으로 끼리의 냄새나 특수한 몸의 표지나 색깔 등으로 친족과 비친족을 구분해 내며 셋째, 인지인자가 있어서 배우지 않고도 본능적으로 알아낸다는 것이다. 이것은 비단 올챙이만이 아니고 다른 동물도(사람까지 포함해서) 그렇다고 보며 물론 앞의 세 가지 중에서 어떤 것이 핵심적인 친족인지 행위를 일으킨다고 본다.

이런 실험도 해 봤다. 부모 암수 개구리가 같은 경우와, 어미 둘에 아비가 하나인 것, 아비 둘에 어미 하나인 새끼들의 친족인지를 비교했더니 한배새끼끼리가 제일 가깝게 지냈고 그 다음이 어미는 같으나 아비가 다른 것들이었고 가장 소원하게 지내는 것이 한 아비에 어미가 둘인 것들이었다고 한다. 쉽게 이해하려면 사람에 대입해 보면 된다. 우리나라도 이혼율이 증가한다니 비슷한 예를 사람에서도 찾을 수 있겠다.

실험에서 두 아비에 같은 어미와 두 어미에 한 아비의 새끼들의 친숙도가 달라서 전자의 것들이 훨씬 더 가깝게 지낸다고 했는데 이것은 모계가 훨씬 강하게 친숙도에 영향을 미친다는 뜻이다. 사람도 난자와 정자가 수정될 때 난자에는 난핵 외에도 세포질(미토콘드리아 등)이 다 들어 있으나 정자에는 정핵만 남아 있는데 정세포가 변태하여 정자가 되는 과정에서 세포질이 퇴화했기 때문이다. 즉 우리 몸 세포에 들어 있어 에너지대사에 중요한 몫을 하는 미토콘드리아는 모두 모계인 어머니의 것이라는 말이다.

이 실험을 새끼 개구리에게도 해 봤는데 올챙이에 비해 해부학적으로 또 생리적으로 그렇게 많이 바뀌었는데도 불구하고 역시 서로를 알아보더라는 것이다. 올챙이 때 몸에 해가 없는 색소를 묻혀 놓았는데 이것들이 커서 사방으로 퍼져 나간 후에 무논에서 노니는 분포를 봤더니 끼리끼리 모여 있었다는 것이다. 개구리도 한배새끼를 잊지 않고 지낸다니 아마도 서로를 알아보고 근친교배를 피하고자 하는 행동이 아닐까 싶다. 개구리도 용케 우생학을 안다.

동물들은 종류에 따라 친숙도를 높이는 방법이 모두 다르다. 곤충들은 페로몬 같은 화학물질을 분비하거나 소리·빛을 쓰고, 물고기는 화학물질을 분비하거나 시각을 이용하고, 새는 소리를 내거나 깃털의 색을 이용하고, 포유류는 주로 시각과 소리를 많이 쓴다. 새들이 지저귀며 말하는 언어를 우리가 못 알아들어서 그렇지 그들도 희로애락을 표현하는 것이다.

한 수조에 서로 다른 두 어미에서 난 올챙이들을 섞어 놓으면 나중에 두 패거리로 나뉘는데 그놈들은 어떻게 서로를 알아차리고 편 가르기를 하는 것일까. 더 복잡한 실험을 해 봤더니 그들만이 분비하는 화학물질로 서로를 알아보더란다. 후각, 미각으로 서로를 알아내 끼리끼리 떼를 지어 다니는 것이지 소리도 아니고 시각적인 것도 아니더라는 것이다.

그건 그렇다 치고 떼 지어 다니면 어떤 점이 생존에 유리한가. 물고기, 새 떼도 마찬가지겠는데 무엇보다 여러 마리가 같이 찾으니 먹이를 발견하기가 쉽고(기아 상태에서는 서로 잡아먹지만), 따로 있을 때보다 천적인 포식자를 발견하기 쉬워서(눈이 많으니) 도망가기도 쉽다. 곤충도 침입당하면 경고 페로몬을 분비해 옆 친구들도 도망가게 한다.

또 새들이 떼 지어 퍼드덕 날거나 물고기나 올챙이들이 물살을 가르면서 헤엄칠 때 내는 소리가 포식자를 위협하고(사람도 비슷한 경험을 한다) 먹잇감이 너무 많으면 포식자가 혼란스러워 못 잡아먹는다. 올챙이를 도저히 미물이라 부르지 못하겠다.

식물도 친족을 알아본다고 말하면 고개를 갸우뚱할지 모르지만 실제로 그들도 서로 신호를 보내고 같은 무리를 알아차려 근친교배를 피한다. 배추밭에는 배추만 심고 무밭에는 무만 심지 이것들을 섞어 심지 않는다. 배추, 무끼리는 경쟁을 하면서도 서로 협력하나 두 채소를 섞어 심으면 뿌리에서 서로 다른 화학물질을 분비해 상대를 못 자라게 한다.

일벌은 제 자식도 아닌 새끼를 키우느라 집 짓고 꿀 받아다 먹이고 청소하는 등 온갖 궂은 일을 마다 않고 해낸다. 여왕벌이 낳은 알에서 수벌의 정자와 수정된 것 중 잘 먹어 자란 한 마리만 다음에 여왕벌이 되고 나머지는 불임인 일벌이 된다. 일벌은 언니가 낳은 자식을 온갖 정성을 다해 기른다.

벌만이 그런 게 아니라 개미에서도 새끼는 못 낳고 일평생 일만 하는 일개미가 있다. 이렇게 사회생활을 하는 동물들은 모두가 이

타주의와 협조정신이 강하며 생물에서 자연선택(반대는 자연도태다)은 여기에서 비롯된다. 촌수가 가까울수록 유전적으로 가까워 자기의 유전자와 가까운 유전자가 다음 세대로 잘 전해지길 바란다는 것이다. 한마디로 유전자가 비슷할수록 돕고 보호하는 헌신적인 이타주의가 발동한다.

경계색 보호색 두루 갖춘 무당개구리

우리나라 사람들에게는 붉은 몸 색깔 때문에 불길하거나 끔찍한 동물로 터부되는 무당개구리가 미국 등지에서는 애완동물로 각광 받으며 마리당 9, 10달러에 팔리고 있다. 1990~1992년에도 한 달 평균 8,000만~1억 원 가량의 외화를 벌어들였으나 생태계 파괴에 대한 환경 당국의 우려 때문에 수출이 금지되었던 상태. 하지만 작년 말 환경청은 무당개구리 포획이 생태계에 미치는 영향이 미미하다고 판단, 수출 가능 품목에 포함시켜 수출 길이 재개되었다.

글감을 찾던 차에 〈강원일보〉에 실린 위 기사를 읽고 눈이 번쩍 뜨였다. 글을 쓰는 지금이 경칩인 것은 차치하고 입춘도 아직 1주일 넘게 남아 있는 판에 개구리 글을 쓰는 것이 꼭 '겨울에 죽순 이야기'를 하거나 '하루살이한테 얼음 이야기'를 들려주는 것 같아 조금은 마음에 걸렸으나 쓰기로 작정했다. 무당개구리(비단개구리라고도 부른다)가 천적을 만나면 네 다리 치켜들고 뻘건 배를 위로 드러낸 채 드러눕듯이 나도 배짱을 부려 보기로 한 것이다.

위의 기사에서 '영향이 미미하다'고 하는데 그 말은 적어도 영향을 끼친다는 것은 인정한 것이니 그렇다면 그대로 두는 게 좋을 뻔했다. 산골짜기 길가에 흔하게 굴러다니는 무당개구리 놈이 생태계에 무슨 일익을 담당하겠나 싶지만 다 있어야 할 제자리에 있는 것이다. 무당개구리를 한 달에 1만 2,500여 마리씩 잡으면 그놈들을 먹고사는 다른 새나 동물이 줄어드는 등 연쇄작용이 일어난다.

무당개구리가 미국 등지로 팔리는 것은 느릿한 동작에 배와 등짝의 강렬한 색상, 그리고 여간해서 죽지 않는 생명력에 있을 터이고 또 이것들이 우리나라, 중국, 만주, 러시아 등지에만 분포하기 때문일 것이다. 무당개구리는 우리나라에서도 남부보다 북부에 잘 적응하는 추운 기후를 좋아하는 종이다. 남방 한계선인 제주도에서도 산다.

무당의 현란한 옷 색깔이 사람의 혼을 빼앗듯이 진한 청록색 바탕에 불규칙한 흑색 무늬가 있는 무당개구리 등이나 황적색에 검은 얼룩 무늬가 그물을 치고 있는 무당개구리 뱃바닥도 그러하니 '무당 닮은 개구리'란 뜻의 이름은 제대로 붙인 것이다. 동물들이 대부분 그렇듯이 무당개구리 몸색이 천적에게 무섭게 보이는 것은 자기 몸을 보호하기 위한 것이다. 이것을 경계색이라 하는데 군인이나 운동선수들의 제복이나 유니폼으로 이런 색을 쓰면 어떨까 싶다. 무당개구리 등에는 사마귀 모양의 우툴두툴한 혹이 쫙 깔려 있어 더 섬뜩해 보인다.

무당개구리는 개구리보다는 두꺼비에 가까워서 영어로도 frog가 아니라 toad로 쓴다. 몸에 사마귀 혹이 있고, 그 혹의 작은 과립에서 독을 분비하는 것이 두꺼비와 비슷하다. 뱀이 먹지 못하는 것도 그렇다.

무당개구리는 천적에 잡히거나 위험에 처하면 살갗에서 독액을 분비하는데 독은 스테로이드(지방산의 일종) 인돌아민계의 물질로 다른 동물의 심장이나 신경계에 치명적으로 작용한다. 개구리나 두꺼비가 도망갈 때 방광에 모아 둔 오줌을 갈기고 달아나듯이, 무당개구리가 살갗의 독샘에서 독을 분비하는 것도 하나의 자기 방어 행동이며 이것은 긴 시간에 걸쳐 만들어진 진화의 산물이다. 그런데 어느 생물이나 마찬가지지만 같은 종끼리는 그 독이 독이 되지 않는다. 강아지가 멋모르고 두꺼비를 먹었다가는 하루 종일 죽을 고생을 해야 한다. 그래서 다음에는 두꺼비를 만나면 피해 도망을 간다.

그런데 스컹크라는 놈은 혹은 물론이고 머리 뒤쪽에 있는 귀샘에서 하얀 젖같이 분비되는 무서운 독을 가진 두꺼비를 즐겨 먹는데, 영리한 이놈은 잡은 두꺼비를 땅바닥에 냅다 굴려서 독을 모두 뺀 다음 독점액 덩어리를 풀에 쓱 닦은 후 먹는다. 다 살게 되어 있다지만 이런 지혜는 어디서 나오는 것일까.

기록을 보면 우리는 만지기도 싫어하는 무당개구리를 중국이나 만주 사람들은 보신제로 즐겨 먹는다니 역시 먹는 데는 우리보다 한수 위다. 특히 폐병의 특효약으로 쓴다는데 무당개구리의 독성을 알기에 분명히 껍질을 벗기고(껍질에 독샘이 있으니까) 요리해 먹을 것이다. 정력에 좋다는 그 무당개구리를 우리는 왜 먹지 않을까. 물개구리는 씨를 말리면서 말이다.

오랑캐를 오랑캐로 제어한다는 이이제이(以夷制夷)란 말이 있듯이 독은 독으로 다스릴 수가 있으니 무당개구리 귀샘의 독을 긁어 모아 약으로 쓴다. 사실 개구리나 무당개구리들은 피부에 상처를 입어도 독성분이 화농균을 죽여 화농(고름)이 생기지 않으니 이런 독성분을 추출하여 신약을 만든다. 그래서 동식물들은 먹이가 되는 것뿐만 아니라 약을 뽑아 내는 중요한 자원이다. 생물들이 멸종되어 간다는 것은 바로 이런 중요한 자원이 사라진다는 뜻이기도 하다. 그래서 자연보호(종 다양성 보존)는 어렵지만 한마디로 중요한 일이다.

생물 중에서 제일 독한 동물이 사람이라 하겠다. 무당개구리나 두꺼비의 독도 사람에게는 큰 화를 입히지 않아 그것들의 독액이 묻은 손을 입이나 눈에 문지르면 약간 따가울 뿐이다. 옛날 독일의 바이올린 연주자들은 악기를 켜기 전에 두꺼비를 손으로 만져서 땀이 나는 것을 막았다고 하는데 독이 땀샘을 마비시키는 것을 이용한 것이다.

무당개구리는 물과 뭍에서 사는 물뭍동물(양서류)이다. 물과 뭍을 들락거린다는 뜻보다는 물속에 낳은 알이 올챙이로 자라 땅으로 올라온다는 의미가 더 크다. 동물들이 물에서 발생한다는 것은 공통적인 특징으로 사람도 양수 속에서 태어난다.

우리나라에 살고 있는 양서류는 꼬리가 있는 유미류인 도롱뇽 무리 3종과 두꺼비, 개구리 무리 11종을 합해 모두 14종인데 이 중 맹꽁이 같은 것은 환경오염에 찌들어 거의 멸종 직전에 이르렀다. 한마디로 말해서 위기종이 된 것이다.

그런데 추운 겨울에 무당개구리는 어디서 겨울잠을 잘까? 겨울은 '휴식의 계절'이라지만 개구리가 편안히 잠을 자고 있을 리 만무하니 아마도 양지바른 곳에서 한발 깊이의 가랑잎을 덮어쓰고 오돌오돌 떨고 있으리라. 추위를 잘 견디는 놈들이라 피와 심장만 얼지 않으면 되니 몸속의 지방을 녹여 먹으면서 따뜻한 봄을 기다릴 것이다. 외국에서 들여온 황소개구리는 추위에 약해서 중부 이북에서는 월동을 못하기에 강원도에서는 다행히 그놈의 울음소리를 듣지 못한다.

"두꺼비 씨름하듯"이란 말이 있는데 두 놈이 밀었다 밀렸다(이겼다 졌다) 하여 승자가 없거나 피차 마찬가지임을 의미하는 말이다. 아마도 암수가 교미 전에 하는 애무 행위를 보고 지어낸 말이 아닌가 싶다. 4, 5월 무논에서 벌어지는 무당개구리 수놈들의 암놈 쟁탈전은 가관이다. 암놈 한 마리에 여러 마리의 수놈들이 죽을 둥 살 둥 달려들고 암놈의 가슴팍을 꽉 껴안은 행운아 수놈은 물 밖에 끌어내 놔도 앞다리를 풀지 않는다.

사실 개구리의 포옹은 암놈의 산란을 자극하는 행위로 산란을 하면 수놈이 그 위에 정자 뿌리기인 방정(放精)을 한다. 이렇게 개구리나 사람이나 모두 제 씨를 조금이라도 더 많이 퍼뜨리려고 애쓴다. 본능이란 참 무섭고 가공할 만하다.

끝으로 개구리들의 먹이잡이를 보자. 개구리들은 반드시 움직이는 것을 먹는데 혓바닥이 특별나서 보통 동물과는 반대로 혀뿌리가 아래턱 끝(앞)에 붙어 있고 혀끝도 목구멍 쪽으로 향해 있다. 그래서 벌레를 보면 긴 혀를 뽑아 내서 끈끈이 혓바닥에 붙인다. 혀로 감아 잡는 게 아니라 혓바닥에 붙여 잡는다.

나는 먼저 공격하지 않아요

　　"서리 맞은 구렁이"라고 날이 서늘해지면 뱀들은 움직임이 느려지는데 때마침 먹잇감인 개구리, 들쥐 들도 겨우살이 하느라 굴속에 들어가 버리니 뱀들도 월동 준비를 해야 한다. 뱀들은 양지바른 바위 틈이나 들쥐가 파 놓은 굴에 찾아들어 떼 지어 겨울나기를 하는데 귀신같이 한곳에 모인다. 뱀은 냉혈동물이라 박쥐같이 서로 체온을 나누지는 않으나 그곳이 따뜻하다는 것말고도 이듬해 봄에 곧바로 그 자리에서 짝짓기 할 수 있다는 이점 때문에 이렇게 몰려든다.

　땅꾼들은 뱀이 월동 채비를 할 즈음 산 초입에 촘촘한 그물을 쳐 놓고 산으로 오르려던 뱀들을 주워 담는다. 이때 돌연변이로 생긴 백사라도 한 마리 잡으면 횡재를 하니 사람들은 더욱 뱀의 씨를 말린다.

　세계적으로는 2,700여 종의 뱀이 살고 있으며 우리나라에는 살모사, 쇠살모사, 까치살모사, 구렁이, 능구렁이, 무자치, 유혈목이, 대륙유혈목이, 줄뱀, 누룩뱀, 바다뱀, 비바리뱀(제주도에만 산다) 등이 있다. 차갑고 긴 겨울이 있는 온대지방인 우리나라에는 대체로 뱀 같은 냉혈동물의 종 수가 적고, 뱀들의 크기도 열대지방의 것들보다 훨씬 작다.

뱀은 지금부터 9000만 년 전에 살았던 다리가 없는 도마뱀에서 생겨났다고 하는데 연필만 한 것에서 6미터나 되는 놈까지 있다. 어떤 놈은 사람도 꿀꺽 통째로 삼킨다고 한다. 실제로 뱀은 제 머리보다 더 큰 알이나 쥐도 잡아먹는데 그것은 위턱과 아래턱 사이가 우리처럼 관절이 아니라 근육으로 연결되어 한껏 아가리를 벌릴 수 있어서다.

뱀은 적응력이 뛰어나서 극지방을 제외한 열대우림지대나 사막은 물론이고 바다에도 산다. 그러다 보니 사람과도 자주 마주치는데 1년에 전 세계에서 독뱀에 물려 죽는 사람이 1만 명이 넘는다고 한다.

우리나라에서도 독뱀인 살모사에 많은 사람들이 물려 고생을 하는데 이 뱀에 물리면 독이 신경에 작용하여 눈이 멀거나 횡격막을 움직이지 못해 호흡 곤란이 일어나고, 적혈구나 혈관이 녹는다. 우리나라 독사들에 물리면 주로 물린 곳을 중심으로 팔다리가 퉁퉁 붓고(혈관이 파괴되어 조직액이 차는 현상) 물린 곳에서 진물도 많이 흐른다. 큰 병원에는 항독(抗毒) 주사가 있으니 뱀에 물리면 팔다리를 꽉 묶은(심장 쪽) 후 병원에 가서 주사를 맞으면 된다. 독사 한 마리의 독으로 쥐 20만 마리를 죽일 수 있다니 독사는 가공할 무기의 소유자라 하겠다.

그런데 독사도 건드려야 문다고 뱀들은 절대로 먼저 공격하지 않는다. 죽은 척하고 있어도 사람이 와서 건드리니 정당방어로 깨문다. 한마디로 뱀이 사람을 더 두려워한다는 것이다. 필자도 달팽이 채집하러 갔을 때 또아리 틀고 목만 내밀고 있는 무시무시한 살모사를 여러 번 만났는데 다행히 코앞에서 깨물림을 피하곤 했다.

뱀은 튀어나온 찬 눈알이 움직이지 않아서 더욱 독기가 느껴진다. 사람도 화를 낼 때는 눈을 고정한 채 깜박이지 않지 않는가. 하나 덧붙일 것은 독뱀은 입을 벌리면 자동적으로 2개의 독니가 솟고 먹이를 물면 독니에서 독액이 분비되어 피식자(被食者)가 죽는다.

그럼 독이 없는 뱀은 어떻게 먹이를 잡을까? 이들은 먹이를 몸으로 칭칭 감아 압박하여 죽인다. 그리고 뱀은 새알 같은 것은 깨면 먹지 못하니 삼킨 후 깨서 먹는 영리한 머리도 가지고 있다.

그런데 가만히 보고 있노라면 뱀은 머리질을 하면서 쉼 없이 혀를 날름거린다. 누굴 약올리려는 짓이 아니라 냄새를 맡고 온도를 느끼는 행위다. 뱀은 특별히 야행성인 놈들을 제외하고는 귀가 퇴화되고(속귀만 있다) 시력도 매우 좋지 않아 감각을 주로 혀에 의존한다. 사람이 감각의 90퍼센트 이상을 눈에 의존하는 것과는 크게 다르다. 포크처럼 끝이 둘로 갈린 혀에 묻은 화학물질(냄새 등)을 코와 입천장에 있는 야콥손 기관(Jacobson's organ)에 문지른다. 그러면 이 기관에서 냄새의 유무 등 물질의 정체를 판독하여 짝을 찾고 적을 피하며 먹이를 공격한다.

뱀은 열을 내는 쥐나 토끼 같은 포유류를 잡을 때는 온도를 감지하여 잡는다. 앞에 있는 콧구멍과 뒤의 눈 사이에 작은 홈이 있는데 이것이 적외선(열) 탐지기로 0.003도의 온도 차이도 느낄 정도로 예민하다. 개구리나 쥐를 눈으로 보고 잡는 게 아니라 이렇게 혓바닥과 열탐지기로 수십 미터 밖의 것도 정확하게 잡아낸다는 것이다. 그뿐만 아니라 작은 충격이나 접촉도 느끼는 감각점이 비늘과 비늘 사이에 들어 있다니 살기 위한 장치가 곳곳에 있는 셈이다.

뱀도 부부애가 있고 새끼 사랑이 지순하다. 수놈이 암놈 위에 올라타기도 하고 몸을 서로 문질러 산란을 자극하는 애무도 한다. 수컷 생식기는 좀 특이한데 교미기가 2개다. 수컷은 교미 때 이 2개를 암놈의 질(膣)에 집어넣고는 양쪽으로 뻗어서 교미기가 빠지지 않도록 한다. 팔다리가 없는 놈들에게는 기막힌 대용장치라 하겠다. 이 2개의 생식기를 반음경(hemipenis)이라 하는데 두 개를 교대로 쓴다. 교미는 간단히 끝나지만 암수는 하루 종일 붙어 있는데 다른 수놈에 노출되지 않기 위해서다.

어떤 종은 가을에 일단 교미하여 정자를 받아 두었다가 수개월 후 봄에 산란할 때 수정에 쓰기도 한다. 그리고 교미 때는 살갗에 붙어 있던 작은 돌기(뒷다리)도 나와 암수가 떨어지지 않도록 하는데 그러고 보면 화사첨족(畵蛇添足)의 의미도 다르게 해석할 수 있겠다.

뱀은 대부분 알을 낳지만(卵生), 난태생(卵胎生), 태생(胎生)인 놈도 있다. 뱀은 보통 여남은 개의 알을 썩은 나무 밑이나 바위 틈에 낳는데 우리나라 구렁이나 능구렁이는 따뜻한 기운이 있는 두엄에 낳는다. 요즘 두엄더미가 사라진 것이 구렁이가 줄어든 원인이라고 분석하는 학자도 있다.

어미 뱀은 알을 낳은 후 떠나지 않고 품으니(냉혈동물이라 체온을 주지 못하니 품는다기보다 지킨다가 옳다) 알에서 나온 새끼들이 어미를 감아 모정을 느낀다. 이것이 뱀의 새끼 사랑이다.

뱀 비늘은 기왓장처럼 포개져 있어서 뒤로 미끄러지는 것을 막는다. 어릴 때다. 돌담 사이로 들어간 뱀 꼬리를 잡아 끌어내리려고 아무리 애를 써도 허사였던 기억이 난다. 몸이 토막이 날망정 뒷걸음질이란 뱀에게는 없다. '댓진 먹은 뱀'이라고 그때 형들이 담배연기까지 뿜어 봤으나 역시 효과가 없었다. 이것은 뱀의 비늘 때문이다. 참고로 뱀은 담배를 무척 싫어하니 야영할 때 담뱃가루를 주변에 뿌려 두면 뱀이 다가오지 않는다.

사람들 중에는 아직도 뱀을 날로 먹는 이가 있는 모양이다. 개구리나 뱀을 익히지 않고 먹으면 만손열두촌충에 걸리는 수가 있다. 개구리나 뱀 몸속에 들어 있던 유충이 사람의 창자벽을 뚫고 피하조직이나 눈(안구)에까지 이동하여 거기에서 결절(덩어리)을 만드니 수술을 해 들어내야 한다. 민물고기를 날로 먹어 걸리는 긴촌충과 아주 비슷하여 살 속에 촌충 덩어리가 작은 달걀만 해진다. 그 유충이 개구리, 뱀이 놀았던 샘물에 떠 있는 경우도 있어서 샘물을 먹고 걸리기도 한다. 실은 개구리나 뱀을 잡아먹은 개, 고양이, 여우, 너구리 같은 야생동물도 이 촌충의 최종 숙주가 되는데 자연계나 인간에게 기생충이 없을 수 없고 크게 보면 기생충들도 제자리에 있어야 하는 것이다.

그런데 코브라를 보면 뒷머리 아래에 뱀눈 모양의 무늬(마크)가 있다. 나방이 날개에도, 물고기 꼬리 쪽에도 이처럼 눈을 닮은 무늬가 있는데 왜 그럴까. 구운 생선에서 맨 먼저 눈을 빼 먹는 우리의 습성을 봐도 그렇고 동물들은 상대를 공격할 때 제일 먼저 눈을 노린다는 것이다. 따라서 코브라의 그 무늬는 표적을 흐리게 하자는 일종의 방어 무기인 셈이다.

뱀도 지능이 있어서 주인이 피리를 불면 몸을 빼고 흔들어 주인에게는 돈을 벌게 하고 자신은 그 대가로 먹이를 얻어먹는다. 주고

받는 이치를 터득한 뱀의 머리 씀씀이가 가상타 하겠다. 원죄를 사할 수 없는지라 이브를 유혹한 뱀은 오늘도 사탄으로 남아 있다.

난생, 난태생, 태생

먼저 난생은 유성생식하는 동물이 발생 초기인 알의 단계에서부터 모체의 몸 밖에서 발육하는 형태를 말한다. 알이 모체 밖으로 배출되어 배(胚)가 모체와는 관계없이 알 속의 영양만으로 발생을 하여 개체가 된다. 알 속에서 어느 시기까지 발생한 배는 난막을 깨뜨리고 나와 자유생활을 한다. 발생 중인 배의 영양분은 알 속에 들어 있는 난황(卵黃)에 의존한다. 닭이나 거북이뿐만 아니라 개구리, 곤충 등 거의 동물 대부분이 난생을 한다.

난태생은 수정란이 곧바로 모체 밖으로 나오지 않고 모체 안에서 발생, 부화하여 유생 상태로 나오는 것을 말한다. 이때 배와 모체 사이에 조직적인 결합이 없이 알 속에 저장되어 있는 난황을 소비하여 자라므로 태생과는 구별된다. 다시 말하면 난생이면서도 그 알이 모체 내에서 부화되어 새끼로 태어난다는 것인데 태반이 생기지 않아서 진짜 태생은 아니다.

태생은 태아가 어미의 체내에서 성장한 다음 태어나는 것을 말한다. 태생은 포유류에서만 볼 수 있는데 태반이 생겨나서 모체에서 양분을 얻어 발생하는 것이다. 말과 같이 태어나자마자 곧 걸을 만큼 성장해 있는 것에서부터 캥거루처럼 태반이 없이 몇 센티미터의 작은 태아로 태어나는 것까지 여러 가지가 있다.

벌이라고 다 모여 살지 않는다

       벌 하면 꿀벌, 말벌, 땅벌처럼 떼를 지어 사회생활을 하는 것으로 알기 쉬우나 실은 단독생활을 하는 놈이 더 많으니 여기서 한 종을 보자.

    혼자살이 하는 힐라유스 종[*Hylaeus sp.*]은 풀이 없고 물기가 적은 부드러운 흙바닥에 개미나 말벌처럼(1억 년 전 백악기 때 말벌에서 이 벌이 가지 쳐서 나왔다고 본다) 굴을 파서 산다. 그곳에 작은 방(cell)을 만들어 놓고 꿀과 꽃가루를 채운 후 알을 낳고 뚜껑을 덮는다. 낮에는 먹이를 모아 오고 밤에는 또 다른 방을 만드느라 땅을 파야 하니(입으로 흙을 물어 굴 밖으로 내다 버린다) 참 바쁘다.

    방이 대충 만들어지면(하루에 1개씩 만든다) 그냥 꿀을 채우는 게 아니라 흙 속의 세균이나 효모, 곰팡이, 선충류 등의 공격을 받지 않게 방 둘레에 꼬리 독침 가까이에 있는 두포샘(Dufour's gland)에서 분비되는, 기름기가 있고 사향 냄새가 나는 방수(防水) 분비물을 바르고 송진이나 이파리 조각을 물어 와 벽면에 깔기도 한다. 자식을 위한 어미들의 보살핌에는 하등, 고등이 없다. 투명한 방수막은 물이 스며들지 않아서 1년 또는 여러 해 동안 아무 탈없이 유지되기도 하는데 나중에 알에서 깨어난 유충이 어머니의 침인 그것을 먹어 치우기도 한다.

꿀과 꽃가루를 먹고 자란 애벌레는 번데기가 되었다가(벌은 완전변태하는 곤충이다) 성충이 되어 나오는데 암놈은 먼저 나와 암놈을 기다리는 수벌들이 떼 지어 있는 곳에 날아가 저보다 조금 큰 수벌과 교미한다. 꿀벌의 여왕벌도 봄철에 수벌과 교미하여 정자를 저정낭(정자를 저장하는 주머니)에 넣어 놓고 평생 동안 필요할 때마다 꺼내 쓰듯이 이 암벌도 그렇다.

암벌은 집을 만들어 꿀을 채워 넣고는 저정낭을 열어 알과 정자를 수정시킨 후 아기방에 알(수정란)을 낳는다. 이 외톨이 벌은 수명이 짧아 수놈이 빨리 성숙하는 웅성선숙(雄性先熟)을 한다. 인간처럼 오래 사는 동물은 자성선숙(雌性先熟)을 하니 초등학교 5학년이면 여자 아이들은 초경을 시작하는데(평균해서) 철딱서니 없는 사내아이들은 그때도 여학생들의 치마나 들추면서 논다.

사람이 몇만 가지 직업으로 에너지(돈)를 벌듯이 벌들도 집 짓고 새끼치기하는 것이 모두 다르다. 또 다른 외톨이 벌들은 땅 위에서도 진흙, 송진, 식물의 섬유, 대나무 등을 이용하여 집을 짓는다. 그 안에 꿀과 꽃가루를 먹이로 공급하는 것은 다른 외톨이 벌과 같다.

땅벌이나 꿀벌은 이들 외톨이 벌과는 달리 집을 밀랍(왁스)으로 짓는다. 왁스는 풀이나 나무 이파리 겉껍질을 입으로 갉아(긁어) 온 것으로 이것에는 물이 배어들지 않는다. 나뭇잎이나 과일이 반들반들 광택이 나는 이유도 바로 이 왁스 때문인데 이것이 수분 증발이나 병원균 침투를 막아 줘서 귤이나 사과를 오래 두고 먹도록 한다. 그런데 불행히도 사람은 밀랍을 소화시키지 못한다.

어느 벌이나 꽃에서 단물을 빨아들여 위장에 넣어 와 다시 그것을 토해 꽃가루와 섞어서 집에다 저장하는데 식물의 단물이 꿀이 되는 데는 벌의 신통력이 들어간다. 벌의 위장에서 분비된 효소가 단물을 변성시키고 또 벌이 날갯짓을 계속하여 물을 증발시킨다. 그래서 꿀은 찐득하고 썩지 않는 것이다.

그런데 꽃가루는 꿀을 모으다가 얻은 보너스다. 암술 저 아래에 있는 꿀샘의 꿀물을 빨려고 깊숙이 머리를 처박다 보면 벌의 전신을 덮은 보송한 털에 꽃가루가 그득 묻는다. 그러면 벌은 온몸의 꽃가루를 쓰렁쓰렁 모아서 뒷다리에 있는, 가루를 붙이는 홈에 꼭꼭 눌러 담아 꽃가루 덩어리를 만든다. 대신 공짜를 싫어하는 벌, 나비는 이 꽃 저 꽃에 꽃가루를 옮겨 줘 식물이 결실을 맺도록 협조한다. 세상에 공짜가 어디 있는가.

단독생활을 하는 벌의 새끼 집을 공격하는 곰팡이가 124종이나 된다. 이 때문에 벌들은 집에 꿀과 꽃가루를 채운 다음 산란을 하고는 집에 뚜껑 씌우는 것을 잊지 않는다. 만일 먹이가 곰팡이의 침입을 받아 썩으면(실은 50퍼센트가 곰팡이에게 먹힌다) 집을 부셔서 땅에 묻어 버린다. 꿀벌 중에서도 위생적인 유전자를 가진 일벌은 유충이 죽으면 집 뚜껑을 열어 끄집어내어 내다 버리는데 비위생적인 놈은 썩거나 말거나 내버려 둔다니 사람도 굳이 나눈다면 이런 구분이 가능할 것이다.

그런데 어느 세상이나 비열하고 야비한 족속이 있게 마련이다. 외톨이 벌 중에서도 땀 흘려 집을 짓기도 않고 꿀도 모으지 않으면서 빈둥거리다가 다른 벌을 몰아내고 그 벌의 집에 알을 낳는 녀석들이 있으니 이 녀석들 행태가 뻐꾸기를 닮았다고 하여 '쿠쿠비

(cuckoobee)'라고 한다. 그런데 이런 것들이 전체 외톨이 벌 중 15퍼센트나 된다.

그런데 뻐꾸기벌은 이미 알을 낳은 곳에도 덧붙여 산란을 하는데 뻐꾸기 새끼가 뱁새 새끼들을 밀어내 버리듯 이 벌 새끼도 어미를 빼닮아 먼저 놈을 공격하여 죽이고 먹이를 다 차지한다니 참으로 무섭다.

같은 종이지만 집 차지에는 양보가 없는 것은 물론이고 곰팡이, 개미, 말벌, 파리, 갑충(풍뎅이) 등 주변의 모두가 사생결단 공격해 오니 자식 하나 건사하기가 참 어렵다. 어쨌거나 외톨이 벌 암놈은 후손을 남기기 위해 혼자서 무던히도 애를 쓴다. 그런데 제가 처한 환경이 어려울수록 더 많은 유전자를 남기려는 것은 사람이나 외톨이 벌이나 모두 같다.

인사를 해도 대답 없이 망연히 달아나 버리는 사람을 조롱할 때 '벌 쐰 사람'이라 하고, 자는 범 코침 주기〔宿虎衝鼻〕처럼 섣불리 잘못 건드려 소동이 났을 때 "괜히 벌집을 건드렸다."라고 한다. 필자도 어릴 때 소에게 꼴을 먹이러 갔다가 땅벌과 많이도 다투었는데 황소도 그놈들 떼거리에 걸리면 혼쭐나는 판이니 어린아이인 우리야 두말할 나위가 없다. 눈두덩이에 한방 맞으면 부어올라 눈알이 없어져 버리고 만다.

그렇다고 당하고만 있을 우리가 아니다. 가을걷이 때쯤이면 벌집 입구에 짚단을 몇 단 수북히 싸 올려놓고 불을 지르고 어떤 친구들은 곡괭이로 아예 벌집을 파 뒤집어 버렸다. 그러나 집이 하도 깊게 박혀 있어(들쥐의 겨울 집을 개량해 만든 것이다) 씨를 말리지는 못한다. 예로부터 땅벌 집을(30센티미터가 넘으며 둥글게 만들어져 있다) 통째로 파내 유충을 약으로 먹었다고 하며 지금도 시장통에는 여러 가지 벌통을 가져다 놓고 판다.

어릴 때 집에서 벌(그때는 서양 벌이 없었다)을 키웠기에 그놈들과 친하게 지내 왔다. 늦은 봄 맑은 어느 날 마당에 벌이 가득하면 집 안이 갑자기 분주해진다. 제일 먼저 바가지를 준비하고 거기에(안에) 꿀을 바르면서 벌떼가 어디로 가는가를 지켜봐야 한다. 수벌 떼가 날 때는 말 그대로 밀월의 짝짓기임을 알고 있었다. 뒷산으로 벌떼가 날아가 버리기도 하지만 대부분 가까운 감나무에 둥지를 트는데 그 벌떼를 따서 새 벌통에 넣곤 했다.

이제 벌의 분가(分家)에 대해 이야기해 보자. 집을 나온 여왕벌이 지금까지 살아왔던 늙은 어미 여왕벌이라는 것은 무엇을 암시하는 것일까. 세상살이에 익숙하지 못한 새끼 여왕벌을 살던 집에 살게 하고 어미가 나오는 것일까. 꿀벌의 세계는 전통적인 모계 우위 사회인데 이것도 많은 암시를 준다.

어쨌거나 새끼의 수가 자꾸 늘어나고 여왕벌이 분비하는 페로몬 물질이 줄어들면 그것을 알아차린 일벌들이 턱샘(침샘)에서 분비한 로열젤리를 특별히 한 마리의 유생에게만 먹여서 새 여왕을 탄생시키고 늙은 여왕벌은 쫓아낸다니 늙은 여왕벌이 자진해서 나온 것은 아니다.

여기서 일벌은 원래 암놈이었으나 알을 못 낳게 되고 산란관이 침(針)으로 바뀌고 말았으니 평생을 우리네 어머니처럼 일만 하다 일생을 마치고 만다. 그 많은 벌들이 오늘도 정해진 그들의 일과를 해내고 있는데 초로인생인 우리도 그들과 뭐가 다르겠는가. 정해진 자기 일을 곁눈 팔지 않고 열심히 해 대는 일벌을 닮자.

수난당하는 까마귀

세 살배기 외손녀를 앞세우고 산길을 걷노라니 새까만 까마귀가 하늘을 가르며 떼 지어 날아간다. "세현아, 세현아, 저 새 봐라." 하고 서둘러 안아 새떼를 가리키며 "저것이 까마귀다, 까마귀다!"를 반복하여 가르쳐 준다.

세상에 태어나 처음 보는 새가 서로 다퉈 "꽈악! 깍깍!" 소리까지 내며 날아가니 이 아이의 눈에는 신비가 가득 차고 귓바퀴는 토끼 귀만큼이나 커진다.

까마귀 얘기를 한번 해 보려 한다.

한국전쟁 때 이야기다. 사는 동네가 지리산 자락이라 너 나 구분할 것 없이 많은 사람들이 죽었고 빨치산들의 시체가 개골창이나 산 밑에 즐비했다. 소에게 꼴을 먹이러 갔을 때 유난히 풀이 잘 자란 곳이 있었으니 사람이 묻혀 썩은 곳이다. 소는 그것도 모르고 맛있게 풀을 뜯어 먹어 우리들은 소를 쫓느라 애를 먹었다. 그리고 그때는 이 산 저 산에 유달리 까마귀가 많았다. 그들의 밥인 썩은 시체가 얼마든지 있었으니 말이다. 이렇게 죽음을 불러오고 옥수수, 보리 등 곡식도 먹어 치우니 우리는 까마귀를 흉조(凶鳥), 해조(害

鳥)로 보았다. 그런데 서양 사람들이나 일본 사람들만 해도 까마귀를 기분 좋은 새, 길조(吉鳥)로 본다.

영국에 갔을 때 템스 강가 런던다리 옆 옛날의 감옥 자리에 가 보니 갖가지 보석을 진열해 놓은 보석상이 있었는데 그곳 주인은 잔인하게도 날갯죽지를 잘라 버려 날지도 못하는 까마귀 두 마리를 키우고 있었다. 영국은 1년에 겨우 60여 일 햇빛이 비치니 풀 외에는 아무것도 제대로 자라는 게 없어 보석상 주인을 비롯해 영국 사람들은 까마귀의 해악성을 경험하지 못했을 것이다.

필자가 어릴 때는(요새는 볼 수가 없다) 갈가마귀(떼까마귀가 표준어다)라는 나그네새가 떼 지어 날아와서 논밭에 갓 싹 난 보리 이삭을 다 파먹어 그놈들을 쫓느라 난리를 친 기억이 난다. 수천 마리가 아니라 거짓말 조금 보태면 들판 하나를 꽉 덮었다. 요새는 꼴을 볼 수 없으니 아마도 그놈들도 얼추 멸종된 모양이다.

그리고 일본만 해도 까마귀들이 너무 많아서 이놈들이 철로 위에 돌멩이를 물어다 올려놓는 장난질을 하기 때문에 신경을 쓴다는 기사를 읽었다. 물어볼 것도 없이 우리나라 사람들 귀가 번쩍 뜨일 것이다. 이미 우리나라 까마귀를 다 잡아다 드신 정력 좋은 그네들 아닌가. 영장의 눈을 빼 먹는 그 새가 얼마나 정력에 좋기에 멸종을 시키는지 정말로 알다가도 모를 일이다. 이 기사를 읽고 "아, 그래!" 하고 새롭게 엽총을 드는 이는 절대로 없길 바란다. 어제의 특효약이 오늘은 독약으로 밝혀진 사례가 한둘이 아니다. 까마귀를 한국의 위기종으로 만든 사람들은 저승에 가서 까마귀한테 혼날 줄 알아야 한다.

우리나라에 사는 까마귓과에는 어치(산까치라고도 하는데 춘천시의 시조(市鳥)다), 까치, 물까치, 까마귀, 떼까마귀, 큰부리까마귀가 있으며 가을과 봄에 우리나라를 지나치는 떼까마귀를 제외하고는 모두 텃새들이다.

까마귀는 다른 까마귀 무리와는 달리 부리가 길고 가늘며 몸길이가 50센티미터 정도로, 떼까마귀보다 크고 큰부리까마귀보다는 작다. 이놈들은 잡식성이라 물고기, 쥐, 개구리, 썩은 동물은 물론 다른 새의 알도 훔쳐 먹으며 벌레나 농작물, 과일 등 안 먹는 게 없다. 겨울에는 깃털이 새까맣게 윤기 나는 검은색이나 여름에는 까치처럼 오작교를 놓느라 머리에 털이 빠지고 색깔도 탈색돼 갈색을 띤다. 놈들은 평지에서 깊은 산에 이르기까지 도처의 침엽수에서 번식을 하는데, 번식기에는 한두 쌍의 작은 무리를 이루며 보통 4, 5개의 알을 낳는다. 이들도 다른 새들처럼 새끼에게 고단백질 먹이인 벌레를 잡아먹여 키운다. 까마귀도 어미의 고마움을 알아서 한 달은 어미에게 먹이를 날라다 먹인다고 하여 효조(孝鳥), 반포조(反哺鳥)라 하는데 하물며 인간이란 탈을 쓰고 짐승보다 못한 짓을 하는 사람 새끼들이 득실거리니 정녕 개탄할 노릇이다.

까마귀가 과일을 파먹는다고 했는데 오비이락(烏飛梨落)이란 말이 여기서 생겨났으리라. 까마귀들도 맛있는 과일을 골라 먹는다니 영물임엔 틀림없다(실은 후각과 미각이 발달한 것이겠다). 그래서 제주도에서는 좋은 품종의 귤을 고르는 방법의 하나로 새들이 달려드는 가지를 고르기도 한다.

까마귀는 세계적으로 뉴질랜드를 제외하고 300여 종이나 된다는데 그것들이 사는 곳마다 우리처럼 까마귀에 얽힌 사연들이 쌔고 쌨다.

"까마귀 고기를 먹었나."란 말은 건망증이 심한 사람을 놀릴 때 쓰는 말인데 실은 나이를 먹으면 뇌세포 기능이 떨어져 필자의 경우도 안경을 쓰고도 그놈을 찾느라 사방 구석을 헤매기도 한다. 애써 모아 땅속에 파묻어 둔 먹이를 못 찾는 까마귀를 보고 이런 말이 만들어진 모양이다.

그런데 요즘 사람들은 정력을 구실 삼아 까마귀 씨를 말리려 든다. 우리의 옛 조상들은 가을녘 감나무, 대추나무에 열매 몇 개를 '까치밥'으로 남겨 두지 않았던가. 씨알을 심을 때도 3개를 묻어서 한 알은 날짐승이 먹고 또 하나는 흙에 사는 벌레가 먹고 나머지 하나를 사람 몫으로 생각했던 조상님네의 삶의 여유와 나눔의 지혜가 참 아쉽다. 닳고 닳아 빠진 요즘 사람들에 비춰 봤을 때 말이다.

필자가 어릴 때만 해도 원시생활과 다를 바 없어서 겨우내 목욕 한번 못해 손등은 터서 핏방울이 송송했고 기름기 하나 없는 머리털은 서로 엉겨 붙어 까치집을 지었다. 비누가 귀한 세상이라 더욱 그랬다. 그리고 원시인들은 글이 필요 없었으니 까막눈이 태반이었다. 그랬어도 조상 섬기고 이웃을 아꼈으니 그때는 인정미가 흘러넘쳐 사람 냄새가 풍겼는데 지금의 이 세상은 어디로 굴러가는지 도통 모르겠다.

까마귀도 종족본능은 어느 동물 못지않아서 짝짓기 하여 새끼를 키우고 나면 마을 근처로 내려와 겨울에는 떼 지어 살아간다. 같은 과의 까치도 비슷한 습성을 가졌는데 분류학자들은 일반적으로 형태(생김새)를 중심으로 생물을 분류하는데 분류된 생물들이 생태도 비슷하다는 점은 썩 재미있다. 그래서 "생긴대로 산다."라는 말이 생긴 것일까.

까마귀에 얽힌 신화와 설화

까마귀에 얽힌 이야기는 신화와 설화 속에서 많이 찾아볼 수 있다.

우리나라에서는 까마귀가 예언을 한다고 믿는데,『삼국유사』의「사금갑조」를 보면, 신라 제21대 소지왕 10년에 까마귀가 왕을 내전으로 인도하여 간통하고 있던 왕비와 향을 사르는 중을 처치하였다는 기록이 있다. 이로부터 '까마귀날'과 '까마귀밥'의 습속이 생겼고 정월 대보름의 행사는 까마귀가 궁중의 변괴를 예고한 데서 유래되었다고 한다. 따라서 까마귀는 예언하는 능력이 있고 사람이 해야 할 바를 인도하여 주는 신령스러운 새로 인식되었다. 또 태양의 정기가 세 발 달린 까마귀로 형상화되었다고 인식하여 까마귀를 신비한 새로 여겼다.「연오랑 세오녀」설화는 태양신화라 할 수 있는데 주인공의 이름에 까마귀 오(烏)자가 들어 있다.

제주도 신화인「차사본풀이」를 보면 강림이 인간의 수명을 적은 적패지(赤牌旨)를 까마귀에게 줘 인간세계에 전하도록 하였는데, 마을에 이르러 이것을 까마귀가 잃어 버린다. 그러자 당황한 까마귀는 자기 멋대로 외쳐 댔는데 그 바람에 어른과 아이, 부모와 자식의 죽는 순서가 뒤바뀌어 사람들이 무질서하게 죽어 갔다. 이때부터 까마귀의 울음소리를 불길한 징조로 받아들였다.

중국에서는 검은 까마귀는 불길한 새로 지목하나, 붉은색이나 금색으로 그린 까마귀는 태양·효도를 뜻한다. 또한 옛날에는 행복을 안겨 주는 새로 믿었고, 한 해의 신수를 보는 데 까마귀를 이용한 예도 있다. 아랍인은 까마귀를 예조(豫兆)의 부(父)라 부르며 오른쪽으로 나는 것을 보면 길조, 왼쪽으로 나는 것은 흉조로 믿었다. 유럽에서도 까마귀는 일반적으로 불길한 새로 지목되었으나, 북유럽 신화에서는 최고신 오딘을 상징한다.

그리스 종교에서는 예언하는 새이며, 그리스도교에서는 사람이 죄를 저지르게 하는 악마의 새다. 까마귀에 관한 속언에 신성시 하거나 불길해 하는 등 극단적인 얘기가 많았던 것은 사람들이 신성한 새인 까마귀에게 길흉의 예언을 기대했기 때문이다.

북태평양 지역에서는 까마귀가 신화적 존재다. 시베리아의 추크치족, 코랴크족과 북아메리카의 북서안 인디언들 사이에서 까마귀는 창세신(創世神)이 변한 모습이다. 어쨌든 까마귀는 인간과 교섭이 많았고, 그 울음소리가 인간을 자극했음에는 틀림없다.

밤하늘을 지키는 올빼미

동물을 사랑하지 못하는 사람이 어찌 사람을 사랑할 수 있겠는가. 맞는 말이다. 그러나 현실은 어떤가. 마구잡이로 설쳐 대는 사람들 때문에 제대로 커 가는 것이 없을 정도다.

우리나라 천연기념물 제324호인 올빼미 신세도 별다르지 않다. 그래선지 숲속의 큰 나무에 앉아 쉬는 모습조차도 불안해 보인다. 면경(面鏡) 모양의 얼굴을 한 텃새 올빼미도 이민을 가야 할 판이다.

올빼밋과에는 크게 보아 올빼미, 소쩍새, 부엉이가 있는데 소쩍새와 부엉이는 다 같이 머리 위에 2개의 긴 귀털〔毛角〕이 있으나 올빼미는 없어 쉽게 구분된다. 우리나라에는 올빼미가 1종밖에 없고 소쩍새는 여름 철새(여름에 우리나라에 살다가 가을에 간다)와 겨울 철새 2종이 있다. 그러니 겨울에 "소쩍소쩍!"우는 것은 큰소쩍새다. 부엉이는 텃새인 수리부엉이와 철새들인 칡부엉이, 쇠부엉이, 솔부엉이가 있다.

"올빼미 눈 같다." 하면 낮에 잘 못 볼 때를 이르는 말인데 올빼미 사촌인 부엉이에게도 말이 많다. '부엉이 곳간'이란 말은 이것저것 주워다 놓아 없는 것이 없다는 뜻이고, '부엉이 셈'이란 가져온 먹이도 다 못 찾아 먹거나 어리석어 이해타산이 불분명한 때를 말한다. 그리고 서양 사람들은 야간열차를 'owl train', 밤을 지새울 때를 'night owl'이라 한다. 또 눈이 멀었을 때도 'owl'이란 단어를 넣어 쓴다.

그런데 올빼미가 낮에만 장님이 되는 줄로 알았으나 사실은 밤에도 눈으로 보지 않고 소리로 먹이를 잡는다. 작은 들쥐의 바스락거리는 소리를 듣고도 그놈을 잡는다니 보통 재주가 아니다. 이들의 먹거리는 작은 새, 쥐, 토끼, 개구리, 곤충은 말할 것도 없고 닭까지 아주 다양하다.

올빼미가 소리로 먹이를 잡는다면 독수리는 저 높은 곳에서 망원경 같은 눈으로 굴 밖의 쥐도 잡는다. 독수리나 매들은 눈의 황반(망막에 물체의 상이 맺히는 곳)에 간상세포(명암을 구별한다)가 많아서 먹이를 족집게처럼 집어낸다. 사람 황반에는 약 20만 개의 간상세포가 있는데 비해 독수리는 약 150만 개나 된다.

또 올빼미의 청각은 개나 고양이보다 4배나 뛰어나다. 살금살금 걷는 사람의 발소리를 듣고 짖어 대는 개의 청각보다도 4배나 뛰어나다고 한다. 올빼미의 생태, 생리를 연구하는 학자들은 눈이나 귀의 기능을 알아내기 위해 캄캄한 암실에 소리를 내는 장치를 해 놓고 컴퓨터까지 동원하여 올빼미의 쥐 잡는 방법 등을 관찰, 기록한다. 뇌에 바늘까지 꽂아 놓고 전류의 흐름과 섭식 행동과의 연계성도 찾는 등 올빼미 연구를 위해 '올빼미'처럼 밤을 지새우는 것이다.

올빼미는 일부일처로 보통 같은 장소에 산란을 하고 알은 4개쯤 낳는다. 나무나 바위 틈, 교회 종탑이나 헛간, 차고에서도 알을 품으며 또 어떤 종은 수리나 매의 집에 산란하기도 한다.

그리고 올빼미들은 양쪽 귀가
비대칭이라 오른쪽 귓구멍이 약간
아래로 처져 있어 아래쪽 소리에
더욱 예민하다. 다시 말해 두 귀가
듣는데 시차가 생겨 공간개념이
형성돼 피식자가 있는 위치와 피
식자와의 거리를 알게 되는 것이
다. 사람도 한쪽 귀에 귀마개를 했
거나 청각에 이상이 있으면 소리

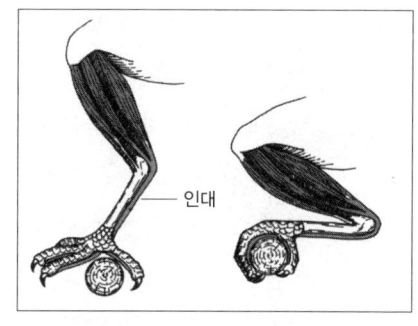

인대

새는 나뭇가지에 어떻게 앉아 있을까. 그 이유는 나
뭇가지에 내려앉을 때 발가락의 인대가 자동적으로
팽팽해져서 나뭇가지 둘레를 감싸기 때문이다.

의 출처(방향)를 찾지 못하고, 동시에 양 귀에 소리가 도달해도 마찬
가지 혼란을 겪는다. 손가락 하나를 눈앞에 놓고 이 눈 저 눈을 가
려 보면 그것의 위치가 다르게 보이는 원리와 비슷하다 하겠다.

올빼미나 부엉이는 눈이 고정되어 눈알(안구)을 움직이지 못하기
때문에 머리를 빠르게 돌려서 먹이를 찾거나 적을 피한다. 올빼밋
과 조류들의 눈을 보면 눈조리개(홍채)가 흑(갈)색이고 유별나게 흰
자위가 누르스름하다. 그런데 사실은 흰자위가 흰 동물은 사람뿐이
다. 개나 고양이, 소 등의 눈을 잘 관찰해 보길 바란다. 원숭이나 고
릴라, 침팬지도 옅은 갈색이다.

당연하게 보고 지나치는 이들의 생태 하나를 더 얘기해 보자. 홰
에 올라타 밤잠을 자는 닭들은 어찌하여 잠결에도 저렇게 떨어지지
않고 잘도 자는 것일까. 우리 같으면 졸다가 속절없이 떨어질 터인
데 말이다. 올빼미도 마찬가지로 낮잠 자다 후다닥 떨어지지 않으
니 재주가 용하다.

그 이유를 보자. 새들은 다리를 오므려 앉으면 자동적으로 다리

의 힘줄(심줄)이 네 발가락의 심줄을 잡아당겨 발가락이 홰나 나뭇가지를 꽉 붙잡게 돼 강풍에 가지가 잘리지 않는 한 떨어지지 않는다. '새 대가리'라지만 삶의 전략은 우리를 능가한다.

또 새들은 공중을 날기 위해서 여러 가지로 적응을 하고 있으니 그 중의 하나가 허파(폐)의 구조가 별나다는 것이다. 우리는 몇 발자국만 뛰어도 헐떡거리는데, 제비는 숨통이 꼭 대장간의 풀무를 닮아서 들숨(흡기)과 날숨(호기) 때 다 같이 공기가 허파를 통과하도록 만들어져 있기 때문에 끝없이 산소 공급이 가능하다. 이와 더불어 새들은 체중을 줄이기 위해서 뼛속이 비어 있고 물도 거의 먹지 않아 소변이 똥에 조금 묻어 나올 뿐이다.

포유류의 특징을 털에서 찾는다면 새는 깃털에서 찾을 수 있다. 새는 종에 따라 깃털 색깔이 다르고 수놈이 더욱 현란하다. 무슨 재주로 저렇게 예쁘게 디자인을 했을까 싶지만 깃털이 붉거나 노란 것은 리포크롬(lipochrome)이라는 색소 때문이고 검거나 회갈색을 띠는 것은 멜라닌이 내는 것이다. 또 녹색은 황색과 푸른색의 혼합에서 나온다.

깊은 밤, 부엉이·소쩍새·올빼미의 울음소리를 자장가 삼아 꿈나라로 가는 행운은 더 이상 없을 것인가.

역도선수와 마라토너의 호흡법은 다르다?

새가 다른 동물과 제일 다른 점은 뭐니 뭐니 해도 몸에 깃털이 있다는 것이다. 어쨌거나 새는 공중을 살터로 잡았는데 적응력이 강한 곤충도 그러하니 재미나는 현상이다.

잘 달리는 마라톤선수는 새같이 폐활량이 커서 산소 공급이 남달리 잘되는 사람들로 새를 닮았다 하겠다. 새 이야기를 계속하기 전에 우선 운동선수들의 에너지체제를 먼저 살펴보자.

사람이나 다른 동물들은 왜 자나깨나 숨을 쉬어야 하고 심장이 뛰고 삼시 세 끼를 먹어야 하는가. 이 세 가지 중에서 하나라도 잘못되면 생명을 잃는다니 그건 어째서일까.

사람이 움직이고 살아가는 데는 에너지가 있어야 하니 그것이 ATP(아데노신3인산)라는 것이다. 이것은 아데닌(Adenine)이라는 염기와 리보오스(Ribose)라는 당에 3개의 인산이 결합된 물질로 인산 하나가 붙고 떨어질 때마다 에너지가 들어가고 나온다. 근육을 움직이거나 세포가 반응을 일으킬 때는 ATP에서 인산이 떨어지면서 ADP(아데노신2인산)가 되고 그때 에너지가 나오며, 휴식을 취하면 다시 에너지를 얻어서 ATP가 된다. 이 과정의 원리를 밝힌 것이

1997년에 화학 분야에서 노벨상을 받았다는 것도 참고로 말해 둔다.

아무리 내용이 어려워도 알아봐야 할 대목이 아니겠는가. 사람이 사는 동안에는 이 고에너지 분자 ATP가 내는 힘을 받아야 하기 때문이다. 허파에서 빨아들인 산소와 먹은 밥이 분해된 양분을 적혈구와 혈장이 70조 개가 넘는 사람 몸의 각 세포에 전달하면, 세포의 난로인 미토콘드리아에서 양분을 천천히 산화시킨다. 많은 효소가 작용하는 복잡한 과정을 거쳐서 ATP가 만들어지고 부산물로(약 60퍼센트) 열이 나오니 그것으로 체온을 유지한다. 왜 먹어야 하고, 숨 쉬어야 하고, 심장이 뛰어야 하는지를 짐작할 수 있을 것이다.

장거리를 달리는 선수와 순발력이 필요한 역도선수들은 에너지를 얻는 방법이 조금 다르다. 100미터 달리기를 할 때 처음에는 빠르게 나가다가도 점점 속도가 줄어드는데 출발할 때는 근육 속에 저장된 ATP를 쓰나 더 달릴 때는 근육 속의 당이나 글리코겐이 분해(해당작용이라 부른다)되어 에너지를 공급하기 때문이다. 달릴수록 ATP가 만들어지는 속도가 느려져서 달리는 속도도 떨어지는 것인데 이때 산소 없이 ATP를 만드는 무기호흡이 일어난다.

무기호흡은 오래 진행되지 못하고 불행히도 많은 젖산을 만들어 근육이 곧 피로해지고 근육통을 유발한다. 과로하면 몸(근육)이 피곤해지는 것은 바로 이 젖산 때문인데 계속 쌓이진 않고 간에서 분해돼 피로가 풀린다.

간이 나쁜 사람이 만성피로를 느끼는 이유도 이런 각도에서 해석이 가능하다. 젖산 분해(산화)에는 산소가 많이 쓰인다니 심호흡과 맑은 공기가 피로를 줄이는 데 도움이 된다.

역도선수는 순간적으로 힘을 써야 하니까 저장된 ATP를 쓰고, 장거리선수는 무기호흡이 아닌 유기호흡으로 에너지를 공급 받는다. 즉 장거리선수는 해당작용보다(5~10초 안에 일어난다) ATP 생성이 늦지만(최소한 1, 2분이 필요하다) 탄수화물, 단백질, 지방을 써서 미토콘드리아에서 산소 공급을 받아(유기호흡으로) ATP를 생성해서 멀리 달린다. 마라톤선수의 성적이 심폐 기능과 호흡조절기에 달려 있다는 것이 어렴풋이나마 이해가 될 것이다. 운동선수들에겐 산소와 젖산이 넘어야 할 장애물이다.

그러면 무슨 신비로운 장비를 가졌기에 저 철새들은 따뜻한 곳으로 찾아들었다가 귀신같이 제자리로 되찾아가는 것일까. 주위 환경인 온도나 일조시간이 조절하는 것일까. 일부 알려진 바로는 별자리를 이용하거나 지구의 자력(磁力)을 이용하기도 한다지만 그것도 정답은 아니다. 근본적으로는 몸에 들어 있는 유전적으로 미리 짜여 있는 그 무엇이(리듬이라 해 두자) 그리 한다고 보는데 이것 역시 정답이라고 단정할 수는 없다.

철새들의 길은 세계적으로 세 갈래다. 북극에서 아프리카 남단까지 오가는 길, 북미와 남미 사이를 오가는 길, 그리고 우리나라를 포함한 동북아시아(시베리아)에서 동남아까지 오가는 길이다. 이 머나먼 거리를 어떻게 오래 날개짓하여 날아다닌단 말인가. 이때 에너지는 해당작용이 아닌 유기호흡을 통해 얻는다.

몇 가지 실험 결과를 보자. 같은 종류의 철새를 일정한 온도에 12시간 일조시간(빛을 비춘다)을 준 것들과 자연 상태와 유사한 큰 유리방에 둔 것, 또 자연에 살고 있는 것들의 행동을 관찰해 보았더니 온도나 일조시간과 무관하게 일정한 때에 털갈이를 하고 날아가야 할 곳으로 반응을 하더라는 것이다. 그뿐만 아니라 새끼를 부화기에서 깨워 키워 봐도 1년 주기로 똑같이 일정한 반응을 일으키니 새들의 이동이 부모 새에게 배운 것이 아니라는 것이다.

이런 실험은 더욱 흥미로우니, 이동 특성이 다른 두 종의 새에서 얻은 잡종새는 두 새의 중간 특성을 보였다는 것이다. 그리고 이동 중인 새를 잡아서 엉뚱한 곳에다 버려 봤더니 작년에 그곳을 다녀온 경험이 있는 새는 여지없이 목적지에 가 있었으나 미경험한 새끼 새는 조금 떨어진 곳에 가 있었다는데, 이것은 어느 새는 얼마만큼 날아가도록 하는 유전장치가 체내에 박혀 있다는 것을 의미한다. 또 이동을 경험한 새는 새떼의 인도자가 되어 가는 길이 조금씩 다르나 새끼 새는 꼭 정해진 외길로만 날았다고 한다. 비행기가 정해진 항로를 날 듯이.

덧붙여서 조롱 속에서 별을 못 보게 하고 온도를 바꾸고 일조시간을 바꿔도 일정한 이동 기간(시간)이 오면 가야 할 방향으로 닭이 홰를 탄다고 한다. 내생(內生)의 그 무엇이(아직도 모른다) 1년 주기로 리듬이 생겨서 새를 그렇게 날게 하는 것이다. 새는 뭣도 모르고 그것의 주력(呪力)에 끌려 날 뿐이다. 그 주력의 정체를 찾느라 오늘도 뭇 조류학자들이 땀을 흘리고 있다.

유기호흡과 무기호흡
우리가 숨을 쉬면 산소는 각 세포 속의 미토콘드리아에 들어가 우리가 먹은 양분을 태워 열과 에너지(ATP)를 내는데 이것이 유기호흡이다. 반면 무기호흡은 산소 없이도 물질대사가 일어나는 것으로 무산소호흡 또는 혐기성호흡이라 하는데 일부 세균들이 이렇게 살아간다.

쥐를 통해 본 호르몬의 실제

쥐는 포유류(짐승) 중에서 제일 성공한 놈이다. 여기서 성공했다는 말은 개체 수가 많다는 말인데 이 지구상에는 사람보다 쥐의 수가 더 많다는 걸 우리는 이미 안다.

쥐의 종류는 집 근방에서 사는 집쥐와 들쥐, 새앙쥐, 시궁쥐 등이 있는데 다람쥐나 날다람쥐 역시 쥐의 사촌뻘이다. 쥐는 포유류(강) 설치목(齧齒目) 안에서 다람쥣과와 쥣과로 나뉘며 우리나라에는 다람쥣과 4종과 쥣과 12종 모두 16종이 살고 있다.

쥐는 위아래로 앞니 한 쌍씩을 가지고 있으며 그 이가 계속 자라나는 것은 껍질이 야문 곡식류를 많이 먹기 때문에 닳아 없어짐을 방지하기 위해서다. 쥐가 성공한 원인 중의 하나는 잡식성 때문인데 이놈들은 곡식, 메뚜기는 물론이고 제 놈들끼리도 잡아먹는다.

쥐는 종류에 따라 다르지만 보통 한배에 6, 7마리를 낳고, 6주 후면 젖을 떼고 한 달 후면 성적으로 성숙한다. 말 그대로 기하급수로 새끼를 늘려 새끼 낳는 것에선 이놈들을 당할 동물이 없다. 고슴도치도 제 새끼 털은 함함하다고 이놈들도 새끼 치성은 잘해서 꼬리 긴 것까지 어미를 닮는다.

'쥐꼬리만 한 월급'이라고 하는데 들쥐 꼬리는 몸길이보다 짧지만 집쥐 꼬리는 몸통보다 훨씬 길기 때문에 결코 쥐꼬리를 작다고 할 수 없다. 쥐가 징그러운 데는 긴 꼬리도 한몫할 텐데 사람들은 보통 뱀, 지렁이 등 기다란 것에 혐오감을 느낀다. 그러나 쥐꼬리는 쥐가 무언가를 감고 오르거나 전깃줄에서 몸의 균형을 잡는 데 큰 몫을 한다.

쥐 하면 색으로는 검은색이나 회색을 연상하는데 별나게는 하얀 놈도 있다. 이놈은 검은 색소인 멜라닌을 만드는 유전인자가 돌연변이로 없어진 것인데 실험용으로 많이 쓴다. 다시 말하지만 흰까치나 흰뱀이 생기는 것이나 같은 원리다.

우리나라 집쥐는 발정기에만 짝을 짓는 놈으로 암수가 한평생 같이 살진 않는데 미국의 들쥐인 미크로투스 오크로가스테르[*Microtus ochrogaster*]라는 놈은 암수가 집을 짓고 새끼를 기르며 평생 같이 산다. 사실 일부일처제는 조류에 많고(특히 오리 무리가 그렇다) 쥐 같은 포유류는 3퍼센트만이 그렇다.

이 들쥐와 사람의 일부일처제를 비교해 보면(꼭 일치하지는 않지만) 첫째로 이 들쥐의 교미 시간이 다른 일부다처제나 일처다부제인 집쥐(3, 4시간)보다 훨씬 길게 관찰되었다(30~40시간). 이것은 사람들이 생산과 관계없는 성교를 하는 것과 관련이 있는데 긴 시간 교미를 함으로써 암수의 사회적 결합을 높인다고 본다. 즉 성적 행동은 사회적 행동을, 즉 가족의 결합력을 높인다는 것이다. 암놈이 발정을 하는 데 수놈 냄새(페로몬)가 꼭 필요하였으며 그 페로몬이 암놈의 호르몬 대사에 영향을 끼치는 것도 사람과 비슷했다.

이런 실험도 있다. 수놈을 묶어 놓고 암놈들이 짝을 고르도록 해 봤더니 자주 만난 놈이나 처음 만난 것이나 짝을 고르는 것에는 차이가 없었다. 이미 같이 지내 온 놈과는 곧 친하게 됐고 교미를 한 놈과는 훨씬 빨리 친해지더라는 것이다. 이것은 사람살이에서도 육정(肉情)을 경시할 수가 없다는 증거다. 쥐라는 놈이 부부의 의미를 여러모로 생각하게 한다.

들쥐 어미가 자식에게 젖을 먹여 키우는 데 옥시토신(oxytocin)이란 호르몬이 중요하다는 것이 새로이 밝혀졌고 또 항이뇨호르몬인 바소프레신(vasopressin)은 웅성호르몬처럼 영역을 지키고 자식을 돌보는 데 중요한 것임이 밝혀졌다.

옥시토신호르몬은 뇌하수체 후엽에서 분비되는데 보통 출산 때 자궁근을 수축시키는 일을 한다. 바소프레신 역시 뇌하수체 후엽에서 만들어지는데 이것은 콩팥의 세뇨관에서 물을 재흡수하도록 하여 소변 양을 줄이는 일을 한다. 그런데 이것말고도 이들 호르몬이 들쥐의 행동에도 중요한 영향을 끼친다는 것이다.

옥시토신은 '어머니 사랑'이라는 별명이 있을 정도로 어미와 새끼 사이의 결속력을 높여 주고 암수 사이의 성적 결합을 돕는다. 원숭이 암놈에게 이 호르몬을 주사했더니 수놈과 덜 싸우는 것은 물론이고 빨리 가까워지더라는데 부부 금실이 별로인 사람들도 이 호르몬 주사를 맞아 보면 어떨까 싶다. 이 호르몬은 출산, 수유(젖 먹이기) 때 많이 분비된다.

바소프레신은 들쥐들이 영역을 지키려고 텃세를 부리고 침입자를 공격하여 몰아내는 것은 물론 암수가 서로 친하게 지내고 자식 키우기를 열심히 하도록 한다. 원래는 이런 행위를 일으키는 것이 테스토스테론 같은 웅성호르몬이라고 봤는데 그보다는 항이뇨호르몬이 많이 분비되었기 때문이라는 것이다. 수컷이 커서 암놈과 비슷한 행동을 하고 수컷의 성기도 보통 놈 것보다 작아지더라고 한다. 웅성호르몬의 양이 줄어들면서 암놈 대신 새끼를 키우는 것을 보면 호르몬이 동물의 행동을 크게 좌우한다는 것을 알 수 있다.

마지막으로 들쥐에서도 일부일처인 놈들과 일부다처(일처다부)인 놈들의 뇌 구조가 다르다고 한다. 특히 성과 같은 본능적인 것을 맡고 있는 대뇌 아래 부위인 변연계가 다르다니 사람도 바람둥이들의 뇌는 선천적으로 보통 사람의 것과 분명히 다르지 않을까 싶다.

우리 곁을 떠나간 늑대

어릴 때만 해도 "늑대가 물어 갈 놈"이란 욕이 있었는데 이제는 그 동물이 사라져 버렸으니 그 말이 성립조차 되지 않는다. 그런데 근래 한 일간지에서 늑대, 여우, 호랑이, 크낙새를 찾는다는 광고 아닌 광고를 본 적이 있다. 물론 꼭 찾겠다는 의미라기보다는 사람들에게 그것들이 우리나라에서 멸종되었다는 사실을 알려 야생동물 보호에 대한 경각심을 불러일으키려는 것이라 생각한다.

세계적으로 1년에 최소한 5만여 종 이상의 생물이 이 지구를 떠나고 있다. 그것은 최소한 하루에 100여 종 이상이 사라지고 있다는 말로 정말로 심각한 일이다. 사실 이것도 추산일 뿐이고 하등동물까지 포함한다면 그 피해는 생각보다 엄청나다.

이사벨라 버드 비숍이 쓴 『한국과 그 이웃 나라들(Korea And Her Neighbours)』(1994년)이란 책을 보면 100여 년 전 우리나라 곳곳에서 사람들이 호랑이에게 잡아먹힌 사건이 기록되어 있다. "어디서나 해만 지면 호랑이가 무서워 두문불출이요, 마실을 나가도 횃불을 치켜들고 고함을 치며 가야 했고 집집마다 호락(虎落) 울타리를 쳤다."라고 씌어 있다.

지금 생각해 보면 우리 집 사랑방에도 할아버지가 쓰시던 호피(虎皮)가 있어서 그것을 몸에 두르고 호랑이 놀이를 했던 기억이 난다. 그만큼 호랑이가 많았다는 얘기다. 밤이면 눈에 불 켠 호랑이 보기가 어렵지 않았던 모양인데 이제는 들고양이만 설쳐 댄다. 어쨌거나 그때는 늑대나 여우라는 호랑이 밥이 지천으로 깔렸기에 그것을 먹고사는 호랑이도 많았겠지만 지금은 호랑이가 절멸해 동물원에서나 겨우 볼 수 있다.

흔히 늑대나 이리를 남자에, 여우를 여자에 비유하는데 사납고 먹음새 좋은 늑대와 꾀 많은 여우를 의인화시킨 조상들의 안목에 동의하지 않을 수가 없다. 보통 때는 일정한 거리를 두고 지내다가도 먹이만 보면 떼를 지어 고라니 몰이를 하는 사냥의 명수 늑대가 남자라면, 자유자재로 변형하여 사람을 홀리는 구미호가 여자다.

늑대는 갯과에 속하는 동물로 이리나 승냥이보다 크다. 늑대 외에도 개, 여우, 이리, 승냥이, 너구리가 갯과에 속하는데 늑대 사촌인 개는 길들여져서 사람과 가장 가까운 동물이 되었다.

늑대는 우리나라에서만 수난을 당한 것이 아니라 미국에서도 가축을 보호한다는 명목으로 100여 년간 죽이기를 계속하여 멸종 직전에 놓였었는데, 늦게나마 그게 아니라는 것을 알아차리고 늑대 보호작전을 벌이기에 이르렀다. 그래서 늑대의 생태를 새로 연구하기 시작하고 늑대를 보호하여 수를 늘릴 수가 있었으나 우리는 이미 늦어 속수무책이다. 참 슬픈 일이다. 분명한 것은 늑대 같은 야생동물은 우리의 적이 아니고 같이 살아가야 할 친구들이라는 것이다. 우리는 어깨동무하고 놀아야 할 친구를 잃은 것이다.

미국 늑대 코요테(coyote)의 삶을 살펴보면서 우리 산야를 뛰어놀

앉을 늑대 모습을 상상해 보자.

코요테는 미국 서북부에 사는 놈들로 호랑이처럼 단독생활을 하다가 발정기에만 가족생활을 하는 놈, 떼를 지어 모여 사는 군서생활을 하는 놈, 짝을 지어 한곳에 붙박여 사는 놈들로 나뉘는데 우리나라 늑대는 어느 습성을 가졌는지 확인할 수는 없으나 아마도 세번째 형이 아닐까 싶다.

아무튼 모든 동물의 특성(행동)은 유전적인 소질과 그들이 처한 환경이 결정하는데 환경에 적응하는 데는 하루이틀이 아닌 긴 시간이 걸린다. 특히 먹이라는 환경이 제일 큰 요인으로 늑대의 몸집 크기는 물론이고 분포의 범위까지도 결정한다.

늑대의 분포, 생식, 발생 등을 알아내기 위해서 학자들은 함정을 놓아 늑대를 잡기도 하고 먹잇감에 안정제(수면제)를 넣어 잠든 늑대의 체중, 발바닥까지 재며 귀에다 전파탐지기를 달아 놓아 이동 상황까지 밝혀낸다.

그렇게 사나워 보이는 늑대도 일단 사람한테 잡히면 매우 온순해진다는 기록에서 개가 사람을 따르는 본능이 이해가 간다. 목갈기와 등줄기의 털을 비쭉 세우고 윗입술을 감아올린 사이로 하얀 뼈 드렁니를 드러낸 채 꼬리를 뒷다리 사이에 끼우고 노려보던 늑대란 놈이, 드러누워 고개를 쳐들고 꼬리를 살래살래 흔든다니 교활하고 간사하기 짝이 없는 동물이다.

늑대는 일부일처로 따로 떨어져 살다가도(사실은 먹이가 부족해서 그러는 것으로 군서하는 놈들은 먹이가 풍부한 곳에서 사는 것들이다) 새끼 칠 때가 되면 다시 만난다. 다시 말하면 먹이가 부족하면 단독생활을 하고 많으면 군서생활을 한다. 먹이가 늑대의 사회 행동을 결정한다.

늑대나 여우나 모두 굴속에서 새끼를 낳는다. 굴은 온도와 습도가 일정할 뿐만 아니라 외침을 막기에 안성맞춤이다. 일반적으로 임신 기간이 60~62일 정도인데 평균 6마리의 새끼를 낳는다. 군서생활을 하는 놈들은 생식 활동이 유리함은 물론 새끼를 키우는 데 친구들의 도움을 받을 수 있어서 여러 가지로 유리하다. 사실 사람도 대가족제도에서 자식 양육이 효과적인 것인데 굳이 핵가족을 고집한다. 가족의 개념, 범위가 변한 것이다.

단독생활을 하는 늑대들은 먹이를 잡아오고 새끼를 지키느라 군서생활 하는 것들과 비교하면 몇 배의 에너지를 소비해야 한다. 특히 큰 짐승을 잡을 때는 3마리 이상이 집단으로 공격을 해야 한다니 단독생활이 얼마나 어려운 일인가를 알 수 있다. 그리고 단독의 경우는 작은 쥐를 잡아도 잡는 확률이 10퍼센트 정도라니 10번 시도해서 겨우 1마리를 잡는다는 계산이다.

단독생활과 군서생활을 하는 늑대들을 비교해 보니 떼 지어 사는 놈들이 더 오래 살고 사회성이 높고 응집력이 강한 반면 작은 영역에도 강하게 텃세(영역 지키기)를 부리는 면도 있었다고 한다. 또 먹을 것이 많기에 주변으로부터 공격도 자주 받는다고 한다.

여기서 눈길을 끄는 대목은 군서하는 무리가 사회성이 높다는 것이다. 이 말엔 먹이를 놓고 심하게 다투지 않는다는 의미도 들어 있는 것 같다. 삶의 여유라고나 할까. 실은 사람도 너무 없이 산 사람들은 남에게 베풀 줄을 모른다. 빈자소인(貧者小人)이란 옛말도 그런 뜻일 것이다. 남에게 줄 것이 없이 살아왔기에 받을 줄만 알았지 줄 줄은 모르는 사람이 되었는지도 모른다. 나눠 먹을 줄 아는 것이 저절로 되는 것이 아니라서 적선적덕하라고 그렇게 외치는가 보다.

이렇게 사람도 늑대에게서 한수 배운다.

소의 느림을 누가 탓하랴

자(쥐)·축(소)·인(호랑이)…… 십이지(十二支)의 동물에서 진(용)을 빼고 나면 모두가 실제로 볼 수 있는 것들이다. 그 중 가장 먼저 길들인 동물이 소가 아닌가 싶다. 길들여 농사일 시키고 키워서 잡아먹기로는 소 이상이 없었으니 말이다.

힘이 센 소의 기를 잡는 방법으로는 코를 꿰는 것이 제일이다. 송아지가 뿔 날 때쯤, 물푸레 나뭇가지를 잘라 껍질을 벗기고 매끈하게 다듬어 한쪽 끝을 예리하게 낫질하여 반달모양으로 구부려 형틀을 잡는다.

그런 후 코뚜레 끝으로 코청을 꿰뚫어 끝을 삼끈으로 동여매고 거기에 소 고삐를 묶어 뿔 사이로 끌어와 목덜미 아래로 고정을 시키니 그때부터는 제법 큰소 대접을 받는다.

뚫린 코청에서는 코피가 흐르는데 이때부터 일꾼으로서 한몫을 해야 한다. 이때 피 나는 콧구멍에는 막된장을 쓱 발라 둔다.

'쇠'를 사전에서 찾아보면 명사 위에 붙어서 '소의' 뜻을 나타내는 말이라 쓰여 있고, 그 밑의 '쇠'는 작다는 뜻으로 쇠우렁이, 쇠고래, 쇠기러기 등으로 쓴다.

소의 머리, 목, 몸통 등의 생김새를 비교해 보면 몸통이 무척 크고 위턱에 앞니가 없으며 발굽이 있고 반추위(되새김위)를 가진 것이 특징이라 하겠다. 옛날 우시장에서 소의 아가리를 벌리고 어금니를 헤아리는 것을 흔히 볼 수 있었는데 그것은 소의 나이를 알아내고 값을 매기기 위한 흥정의 전 단계였다.

소가 풀을 뜯는 것을 보면 풀을 물고 위로 고개를 쳐드는데 바로 아래턱에만 이가 있기 때문이다. 요새는 소갈이를 거의 하지 않고 큰 소가 되면 곧장 내다팔기에 이빨을 헤아릴 필요가 없다. 그런데 저 산중 시골에는 아직도 논밭갈이를 소가 하는 수가 있으니 언제 어디서나 과거와 현재가 공존한다는 말이 맞다.

그리고 소는 각질화되어(뿔도 마찬가지다) 딱딱하게 굳은 발굽을 가지고 있고 이 발굽은 둘로 쪼개져 있다. 이렇게 발굽을 가진 동물을 유제류(有蹄類)라 하는데 말은 발굽이 하나이나 소, 돼지, 염소는 둘이고 무소(코뿔소)는 셋이라 이것들을 따로 나누기도 한다.

어릴 때는 짚으로 쇠신을 삼아 소에게도 신겼는데 수레를 끄는 소의 굽을 보호하기 위함이었다. 이렇게 옛날 생각만 하면 삼순구식(三旬九食)을 했을망정 흥이 난다.

마구간에 드러누워 겨울 양광을 받으며 지그시 눈을 감은 채 고개를 끄덕거리면서 여물을 되새김질하는, 입가에 침 묻은 소의 모습은 평온하고 여유로워 보여 보기 좋다. 그래서 아마도 절간 벽에 심우도(尋牛圖)가 그려져 있고 정각(正覺)이라는 올바른 깨달음도 소에서 느껴 보는 모양이다. 잘 들여다보면 널따란 콧잔등이에 땀이 자르르 배어 있고 장종지만 한 눈을 뜨고 힐끗 쳐다보는 소에서 어머님을 느끼고 불심(佛心)도 찾을 수 있다.

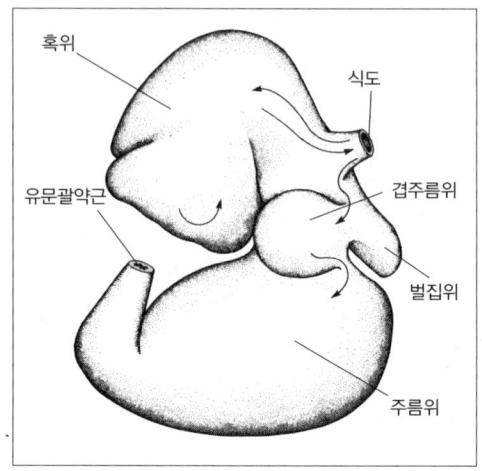

소의 위 구조.

소나 염소는 반추위를 가지고 있어서 되새김질을 한다. 초식동물들은 육식동물에게 잡아먹힐 위험이 커서 풀이 있으면 빨리빨리 뜯어먹어 위에 그득 채워 넣고 안전한 곳에 이르러서야 느긋하게 되새김질을 한다.

반추위는 4개의 방으로 되어 있다. 제일 큰 혹위에서 저장한 먹이는 시간이 지나면 제2위인 벌집위로 넘어가고 거기서 풀 덩어리가 되어 토해졌다가 50번 이상 씹혀지면 제3위인 겹주름위로 내려가고 제4위인 주름위를 지나 작은창자로 내려간다.

이렇게 네 부위로 나뉜 소의 위는 조금씩 그 맛이 다른데 특히 겹주름위는 처녑 또는 천엽(千葉)이라 하여 날것으로도 먹는다. 우리나라 사람만큼 소고기 먹는 가짓수가 많은 민족도 없는데 소가죽에 붙은 질긴 고기인 수구레까지 벗겨 먹는다. 피혁용으로 수입한 소가죽에 붙은 그놈까지 내다팔다가 쇠고랑을 차는 이도 있다.

소는 실컷 부려먹고 나이 먹어 힘 빠지면 도살장에 끌고 가 살은 안심, 등심, 갈비 등 부위별로 잘라 선짓국, 해장국 등 요리 재료로 사용하고 뿔은 뽑아 빗을 만들고 껍질은 벗겨 구두를 만든다.

소는 어째서 풀만 먹는데도 살(단백질)이 찌고 비계(지방)가 그렇게 생기는 것일까. 또 무슨 재주로 사람은 분해하지 못하는 섬유소

(셀룰로오스)를 소화시켜 탄수화물을 공급 받는가. 이야기는 되새김 위로 돌아가야 한다.

밥통 중에서 특히 겹주름위와 주름위에 미생물이 많이 살고 있어서 그것들이 셀룰라아제(cellulase)라는 섬유소 분해효소를 분비해 섬유소를 잘라 주면 포도당이 되고 이것을 소가 흡수한다. 한마디로 소나 사람이나 다 같이 섬유소 분해효소는 없으나 소는 발효통인 위(방)를 더 가지고 있어서 소화가 가능한 것이다. 미생물들은 섬유소를 자르면서 나오는 에너지를 얻고 소는 그것의 찌꺼기에 해당하는 포도당, 아미노산을 얻는다니 절묘한 모듬살이(공생)다.

사실 풀에도 양은 적지만 단백질과 지방 성분이 있어 소의 살찌움을 돕는다. 산사(山寺)의 스님들도 건강하고 얼굴에 기름기가 돌지 않는가. 나이를 먹을수록 절 음식을 닮게 먹는 것이 좋겠다.

여기서 우리는 인간과 미생물이 얼마나 더불어 사는가를 배울 수 있다. 김치, 간장, 식초, 술에서 치즈, 요구르트까지 어느 하나 미생물이 없는 것이 없다. 사람의 대장에도 이것들이 가득 들어 있는데 이것들이 섬유소를 분해하여 비타민 B, K도 제공한다.

요새는 소에게 고급 사료에다 회충약까지 먹이지만 옛날에는 겨울이면 어느 소나 등에 비루가 생겨 털이 뭉텅뭉텅 빠지는 게 예사였다. 요즘은 잘 먹으니 피부병도 거의 없다.

옛날에는 여물도 작두로 일일이 잘라서 쇠죽을 끓여 먹였는데 요새는 기계 주둥이에 짚단만 집어넣으면 잘려 나온다. 요즘 소는 생식(生食)을 시켜도 뭉실뭉실 잘도 크는데 물론 비싼 사료가 더해지니 가능하다.

소가 쏟아 내는 똥, 오줌이 옛날에는 건한 퇴비 만드는 데 안성맞춤이었으나 이제는 축사 밑구멍으로 흘러나와 갯고랑을 망치는 주범이 되고 말았다. 곳에 따라서는 쇠똥을 말려 불쏘시개로도 쓰고 바소쿠리나 발채에 쇠똥을 모아서 퇴비에 섞기도 했는데 이제는 그것이 먼 옛날 얘기가 되고 말았다.

앞에서 반추위를 가진 초식동물들이 소화하는 이야기를 했는데 그렇다면 그런 위가 없는 토끼, 돼지 들은 어떻게 섬유소를 분해할까?

토끼를 해부하여 내장(창자)을 실험대 위에 죽 늘어놓고 보면 큰 창자에서 옆귀퉁이로 빠져 나간 굵고 끝이 막힌 맹장을 볼 수 있는데 여기가 소의 겹주름위에 해당하는, 풀을 발효시키는 발효통이다. 토끼의 맹장은 소의 겹주름위와 마찬가지로 수많은 미생물들이 들끓어 섬유소가 분해되는 곳인데 미생물들의 일부는 계속하여 토끼 똥에 묻어 나가고 토끼는 제 똥을 가끔 주워 먹음으로써 미생물을 보충한다. 더럽다고 볼 일이 아니다.

갓 태어난 송아지도 엄마의 젖꼭지나 외양간 바닥에 있는 어미 똥 묻은 볏짚을 씹으면서 공생체를 뱃속에 집어넣는다. 사람도 초식을 계속했더라면 맹장이 지금처럼 새끼손가락만큼 작아지지는 않았을 것이다.

그런데 보통 소는 새끼를 낳았을 때만 젖을 내는데 젖소는 어떻게 시도 때도 없이 우유를 만드는 것일까. 토종닭은 알 20개 남짓을 낳고 나면 한참 쉬어 낳는데 레그혼은 사료 많이 안 먹이고 키워도 1년에 200개를 더 낳는다. 모두가 돌연변이가 일어나 보통 종들과 다른 생리적인 특성을 가졌기 때문이다.

"소가 크면 왕 노릇 하나."란 말이 있는데 몸보다는 머리를 요구하

는 현대생활에 맞는 말 같다. 그러나 우리는 머리보다 마음으로 살았
으면 좋겠다. 지능보다 감성이 더 강조되는 시대니 참 다행스럽다.

나비의 날개는 나는 데만 쓰지 않는다

 곡식에 섞인 검부러기나 먼지를 날리려고 키를 나비 날개 치듯 바람 내는 것을 나비질이라 하고, "파르라니 깎은 머리 고이 접어 나빌레라."의 승무가 나비춤이다. 아무튼 부드럽게 팔랑팔랑 네 날개로 가볍게 나는 나비를 볼라치면 무쇠 같은 마음도 부력이 붙어 따라 난다.

 그런데 어떤 사람들은 나방이와 나비를 나눠 볼 줄을 모른다. 나방이는 밤에 나는 야행성이고 몸이 통통하며 더듬이가 빗이나 톱 모양으로 짧고 두꺼우며 날개를 수평으로 펴고 앉는다. 나방이를 공부하는 사람들은 밤에 나방 꾐등〔誘蛾燈〕을 켜서 부나비(불나방)를 잡는다.

 나비는 사뿐사뿐 날아 낮에 꽃의 꿀을 빨고 정해진 풀에 알을 낳는다. 꿀을 빨 때는 긴 대롱 같은 입을 펴 꿀샘에 집어넣지만, 안 쓸 때는 말아 둔다. 앉을 때는 날개를 합쳐 곧추세운다. 그리고 더듬이는 나방이와 달리 가늘고 길다.

 그런데 나방이나 나비는 모두 날개를 단 몸이 비늘로 덮여 있으며 양쪽 날개에는 대칭으로 똑같은 무늬가 새겨져 있다. 나비를 잡아 보면 비늘이 손에 묻고 색무늬가 금방 엉망이 되는데 이것은 무색 투명한 날개막 위에 비늘이 느슨하게 붙어 있기 때문이다. 비늘 하나하나는 한 개의 세포가 변한 것인데 크기는 가로 50마이크로미터, 세로 100마이크로미터이며 나비 날개 1제곱밀리미터에 200～600개가 포개져 있다. 이렇게 많은 비늘들이(비늘 하나는 한 색을 띤다) 모자이크 형태로 배열되어 종마다 다 다른 색깔과 무늬를 만드는데, 비늘의 색은 색소와 구조에 따라서 다르다.

비늘에 멜라닌이 많이 들어가면 검은색이나 회갈색이 되고, 카로테노이드(carotenoid)가 많은 것은 샛노란 색을 띤다. 비늘이 흰색(은색)이나 푸른색을 띠는 것은 빈 비늘 속에 공기 방울이 들어 있어 빛의 간섭, 분산이 일어나서다. 사람의 흰머리카락도 빈 털 속에 공기가 들어 있어 빛의 난반사로 희게 보이는 것이다. 나비와 나방이의 그 현란한 색깔과 무늬가 비늘 하나의 색소 농도와 틈 속의 공기 때문이라니 그냥 믿어 두자.

다른 생물들과 다름없이 나비의 비늘 세포도 발생 과정에 비늘로 찾아가서 자리를 잡는다. 이때 제 특성을 발휘하면서 다른 세포들은 얼씬도 못하게 억제하고 방해를 한다고 한다. 하나의 수정란이 발생하여 어떤 세포는 날개로 어떤 세포는 더듬이로 제자리를 찾아가는 것은 유전적인 성질과 형성 물질의 농도 차이 때문이다.

세포들이 모여서 만드는 무늬는 고리 모양이나 둥근 것이 제일 쉬워서 곤충들 중에서도 태극 무늬를 가진 것이 많다. 그리고 좌우 무늬가 거울에 비친 상처럼 똑같은 좌우대칭인 것도(아파트나 건축물이 다 그렇다) 경제적인 것에 원인이 있다고 한다.

매미나 잠자리, 나비 날개에는 잎맥 같은 날개맥[翅脈]이 있다. 이것은 날개를 빳빳하게 하는데 그 속에는 신경과 혈관이 뻗어 있다. 식물의 잎맥에 물과 양분이 흐르는 물관과 체관이 들어 있듯이 말이다.

그런데 이 나비, 나방이 무리는 대부분 완전변태를 하기에 알에서 애벌레(유충), 번데기, 성충으로 탈바꿈을 한다. 그리고 유충과 성충은 서로 다른 먹이를 섭취하며 먹이다툼을 피한다.

그런데 생물들을 잘 보면 부부생활이 그렇듯이 경쟁과 협조라는 오묘한 조화를 이루며 산다. 배추흰나비의 세계도 그렇다. 어미 나비는 배추꽃의 꿀을 먹는데 새끼인 배추벌레는 배춧잎을 갉아먹는다. 이것은 뭘 말하는 것인가.

벌과 나비가 서로 좋아하는 먹이가 달라(나비는 15~30퍼센트 농도의 꿀을 좋아하고 벌은 그보다 더 짙은 30~50퍼센트를 즐긴다) 다툼을 피해 가듯이 나비와 배추벌레도 먹이를 다르게 먹음으로써 먹이 싸움을 피한다. 이런 현상을 생물에서는 다형질화(多形質化)라 부른다. 어미와 자식이 꿀과 이파리를 나눠 먹는다는 것은 신통한 일이 아닌가. 생물계를 깊게 들여다보면 이런 재미가 솔솔 솟아난다.

나비가 하늘로 날아오르려면 햇볕을 받아서 일정한 체온이 되어 피림프(곤충류는 피가 아니고 피와 림프가 섞인 상태다)가 몸을 잘 돌아야 한다. 조류와 포유류 무리(정온동물)를 제외하곤 모든 동물은 냉혈동물인데 이들은 외부에서 열을 받아 몸을 덥혀 활동한다. 이른 아침에 나비 채집이 되지 않는 이유가 여기 있는데 나비는 날개나 몸통으로 햇살을 받아 체온이 포유류처럼 30~40도로 올라가야 활동하기 때문이다. 이런 것이 먹은 영양분을 산화시켜 체온을 유지하는 정온동물과 다른 점이다. 여기에서 나비의 크고 넓은 날개가 결코 나는 데만 쓰는 것이 아니라는 사실도 발견한다.

나비는 몸통으로 바로 복사열을 받기도 하지만 널따란 날개판에서 받아 날개에 일정하게 뻗어 있는 시맥을 통해서 전하기도 한다. 몸통이라 표현한 가슴 부위에는 날개와 다리가 붙어 있는데 가슴 부위는 날고 기는 데 중요하다.

나비는 햇살을 잘 받기 위해 여러 가지로 적응을 했는데, 같은 종이라도 고도가 높은 곳에 사는 놈일수록 날개 색이 검다. 모든 나비의 날개 아래쪽(몸통에 붙는 곳)이 검다는 것도 나비를 이해하는 데 도움이 된다.

보통, 나비는 두 쌍의 날개를 모아 곧추세워 앉으나, 아침 나비는 비행기 날개처럼 펴거나 앞뒤에서 보면 V자 모양으로 접으면서 앉는다. V자 모양을 넓게 하면 주로 날개 아래에만 빛을 받고, 좁게 접으면 빛의 반사로 날개 끝까지 열을 받게 되니 나비는 상황에 따라 날개 접기도 조절한다. 경우에 따라서는 꽁지(복부)를 치켜들어 태양열을 받는다.

자동차에 비유하면 정온동물은 기름(양분)을 쓰는 기름차고, 나비는 한참 개발 중인 태양열로 가는 태양차라 하겠다. 무한대로 쏟아지는 태양에너지를 사용하는 나비가, 살기 위해 어귀어귀 먹어야 하는 사람보다 나은 게 아닐까 싶다.

학자들은 잠자리를 닮았다는 헬리콥터는 만들어 냈지만 아직도 나비 닮은 비행기는 만들지 못하고 있다. 이것은 하늘거리는 나비의 날갯짓에 기류역학(氣流力學)에서도 대단히 복잡한 원리가 스며 있기 때문이다. 공기의 흐름이 위가 빠르고 아래가 느리면 그 압력 차에 따라 물체가 위로 뜨니 이 원리를 쓴 것이 비행기 아닌가.

나비는 앞으로 달려나가기도 하지만 행글라이더처럼 바람을 타기도 하고 낙하산의 원리로 내려앉기도 하고…… 자유자재로 물리학의 법칙을 이용하고 있다. 물고기가 물에서 수류역학(水流力學)을 터득해 이용하듯이 나비가 날고 물고기가 헤엄치는 일이 예사로운 일이 아니라는 것이다.

　　나비 한 마리는 긴 세월 모진 환경에 적응한 산물이고 오묘한 자연의 법칙을 지니고 있다니 이 글을 읽은 다음에는 나비 보기를 다르게 했으면 좋겠다. 어디 그리 해야 할 것이 나비뿐이겠는가만은.

큰 쟁반만 한 거미 '타란툴라'

　　세상에는 별난 동물이 많듯이 사람 중에도 엉뚱한 짓(좋은 뜻이다)을 하는 이가 쌔고 쌨다. 캐나다의 브리티시 컬럼비아 주에 사는 어떤 사람은 44년간이나 타란툴라(Tarantula)라는 큰 쟁반만 한 거미를 키웠다고 한다. 그는 3,000마리 이상의 거미 표본을 소장하고 있으며 지금도 2,000마리를 키우고 있다는데 그놈들을 어떻게 키우는지 무척 궁금하다. 그 사람은 생물 분야를 공부한 적도 없는 아마추어 과학자인데 거미 분야에서는 세계 일인자다.

　　타란툴라 거미는 털게와 비슷하게 생겼는데 다리가 굵고 온몸에 부숭부숭한 검은 털이 잔뜩 나 있다. 언뜻 괴물 같은 독거미를 생각하기 쉬우나 실제로는 사람을 물지도 않고 그 독 때문에 죽은 사람도 없다고 한다. 이탈리아의 타란토(Taranto) 지방에서는 하나의 제식(祭式)으로 광란의 춤을 추기 전에 거미에게 물렸다는데, 거기에서 타란툴라라는 이름이 붙여졌다.

　　이 거미는 20년을 넘게 사는 장수 벌레다. 어릴 때는 1년에 4번이나 탈피하여 딱딱한 외골격(껍질)을 벗어 몸집을 키운다. 손바닥보다 더 큰 거미가 탈피하는 것을 보고 있으면 섬뜩하겠는데 어떤 이는 그것을 즐기고 있단다.

무서운 거미도 새끼치기는 게을리 할 수가 없다. 수놈이 살며시 암놈 가까이 다가가서 앞다리로 등을 살살 쳐서 애무하면 암놈은 수줍어(?) 옆으로 피하고, 그래도 수놈은 따라붙어 앞다리로 땅을 치면서 구애를 계속한다. 그러다 어느 순간 앞다리로 서로 껴안는데 하도 큰 놈들이라 꼭 야구장갑을 낀 듯하다고 한다. 놈들은 서로 밀고 당기는 사랑을 하는데 그 와중에도 수놈은 암놈을 경계하여 한쪽 다리로 암놈의 독니를 막고 애무를 계속한다.

그러면서 수놈은 쏟아 낸 정자 덩어리를 각수(脚鬚, 턱 밑의 1쌍의 다리를 말한다. 걷는 다리는 4쌍이다)로 암놈의 생식공에 넣고는 재빨리 도망을 친다. 자식의 양분으로 암놈에게 잡아먹히는 수가 있어서 그렇게 내빼는 것이다. 암놈 사마귀도 교미 중에 수놈의 머리를 싹둑 잘라먹어 무두웅(無頭雄)을 만들어 버린다.

이와 유사한 거미가 세계적으로 800종이 널려 산다고 하는데 우리나라에도 크기는 작지만 빼닮은 것들이 있다. 거미, 나비 같은 변온동물들은 열대지방으로 갈수록 크고 색깔이 현란하다. 그래서 아마존 강가의 거미들은 개구리, 새는 물론이고 뱀까지도 잡아먹는다니 무섭기는 무섭다.

어느 거미나 잡은 먹이를 뜯어 먹지는 못한다. 먹이를 독니로 지그시 깨물어 독액을 퍼부어 넣으면 조직이 소화되어 녹는데 그때 조직액을 쭉쭉 빨아먹는다. 뱀 한 마리를 여러 마리의 거미들이 빨아먹는 모습에서 먹고 먹히는 잔인한 관계를 본다.

이런 야성(野性)을 가진 거미들을 애완용으로 키운다니 별난 취미도 다 있다 하겠으나 실제로 타란툴라 거미 새끼 한 마리가 150달러에 거래된다고 한다. 세계에 살고 있는 거미는 3만 6,000여 종으로(남극 제외) 절지동물 중에서 제일 먼저 바다에서 뭍으로 상륙했다.

거미줄은 가늘어서 사람 머리카락(0.1밀리미터)의 8분의 1 정도이지만 같은 굵기의 쇠줄보다 단단하면서도 가볍고, 신축성도 좋아서 잡아당기면 40퍼센트까지 늘어난다. 실제로 호주의 어느 원주민들은 거미줄을 낚싯줄로, 뉴기니 사람들은 어망으로 쓰기도 한다. 그래서 예로부터 수술용 실, 낙하산, 옷 등의 재료로 이용해 보려고 무던히 애를 써 왔으나 아직도 거미줄의 화학적 구조가 밝혀지지 않아 인조 거미줄을 합성하지는 못하고 있다.

거미는 육식성이라 곤충은 물론이고 물고기까지 잡아먹으며, 거미만 잡아먹는 종도 있다. 거미는 먹이를 먹어 그 에너지를 기초대사에 쓰고, 남는 것은 새끼 치고 줄 치는 것에 다 쏟아 붓는다. 거미줄의 주성분은 글리신(42퍼센트)과 알라닌(25퍼센트) 등 단백질을 구성하는 아미노산이다.

거미줄은 먹이를 잡기 위한 거미집 짓기 외에도 알 낳을 집을 짓는 데에도 쓰인다. 뱃속에 있을 때에는 액체 상태인 그 단백질이 200~300개의 현미경적인 방적돌기(紡績突起) 구멍을 타고 나와 공기와 만나면 딱딱하게 굳어져 튼튼해진다.

거미는 크게 거미줄(집)을 지어서 걸려드는 놈을 잡아먹는 소극적인 것과 돌아다니며 먹이를 찾는 적극적인 것 두 무리로 나눈다. 후자는 특히 눈이 발달하여 세 쌍의 작은 옆눈과 앞에 붙어 있는 커다란 두 개의 눈을 합쳐 모두 여덟 개의 눈을 가지고 있다(전자도 다 가지고 있으나 흔적기관으로 퇴화함). 이 모두를 '홑눈'이라 하는데 눈의 구조가 갈릴레이의 망원경의 구조를 닮았으며, 여섯 개의 작은 눈은 움직이는 물체만을 발견하는 데 쓰고, 큰 눈은 그 대상물이 먹잇감 · 짝 · 적인지를 구별한다.

거미의 짝짓기는 생긴 것만큼이나 격렬하다. 암놈이 더 적극적이고 공격적이나 일단 암놈은 짝이 맺어지면 온순해지고 실로 둘러싸인 정자 덩어리를 받아들여 실고치 속에 수백 개의 알을 낳는다. 그러나 이것은 가짜 교미 행위일 뿐 실제로 거미는 체외수정을 한다. 수정한 후 2주일 후면 새끼들은 주머니 속에서 부화하고 그 속에서 3, 4주일 더 커서 탈피한 후 집을 떠나 몇 번 더 탈피하여 성체가 된다.

거미들은 곤충의 천적이다. 이 때문에 사람과 먹이다툼을 치열하게 벌이는 곤충을 박멸해 준다. 이러한 면에서 거미는 인간에게는 우군(友軍)인 셈이다. 하지만 논, 밭, 과수원에 뿌리는 저 많은 살충제, 농약으로 거미까지 죽어 가니 문제다.

짚신벌레도 짝이 있다

생물학자들의 연상력도 알아 줘야 한다. 현미경 밑에 슬슬 기어가는 벌레 한 마리를 발견하고 따로 이름을 붙였으니 코 큰 사람들은 방 안에서 신는 슬리퍼를 닮았다고 'slipper-shaped'라 하고 우리는 짚신벌레라고 부른다. 짚신벌레란 죽장망혜(竹杖芒鞋)의 '망혜'인 '짚신'을 닮은 벌레라는 뜻으로 기발한 명명(命名)이라는 생각이 든다. 지금처럼 짚신을 신지 않는 세상이었다면 뭐라 이름 붙였을까. 아마도 '운동화벌레'라고 했을지도 모르겠다. 어쨌거나 생물의 이름 하나에도 이렇게 사회성과 역사성이 들어 있다.

짚신벌레는 원생동물이고 몸(단세포동물이다)에 섬모가 많아 섬모충류로 분류한다. 사람의 눈으로 볼 수 있는 최대의 길이가 100마이크로미터(0.1밀리미터) 정도인데 짚신벌레의 몸길이가 200~300마이크로미터이니 잘 들여다보면 움직이는 것이 보인다. 한 개의 세포치고는 상당히 큰 편이며 종에 따라서는 크기가 많이 다르다.

원생동물은 세계적으로 이름이 있는 것이(이름이 없는 것이 더 많다) 6만 4,000여 종이나 되는데 불행하게도 우리나라에서는 원생동물을 제대로 분류하는 사람이 없다. 여기서 이름이 있다는 말은 체

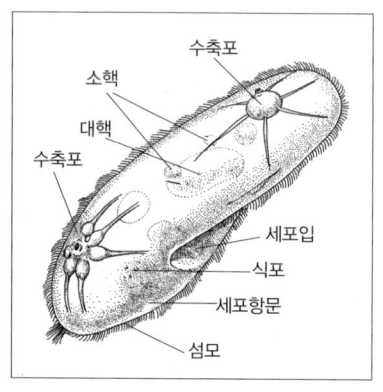

짚신벌레의 내부 구조.

계적으로 분류하고 기재하여 학명을 붙였다는 의미인데 우리나라에는 그 많은 원생동물이 강, 바다에 떠다니거나 흙, 나무, 풀에 붙어 살아가지만 관심을 갖는 사람이 없다니 푸대접도 이만저만이 아니다.

어쨌든 짚신벌레는 다른 것들과 비교하면 생식 방법이 좀 색다르다. 보통 때는 이분법(二分法)이라 하여 몸(세포)이 둘로 잘리는 무성생식(無性生殖)을 하나, 늙거나 환경 조건이 좋지 않으면 두 마리가 만나 짝을 짓고 소핵(작은 핵)을 교환하여 생기를 되찾는 유성생식(有性生殖)인 접합을 한다. 즉 늙어 기를 잃거나 몸의 온도가 내려가 활기를 잃으면 소핵(유전물질)을 서로 바꿔서 분열 능력을 다시 회복하는 것이다. 만일 사람도 일정한 시기에 몸이 두 토막 나거나 몸의 일부가 툭 튀어나와 떨어져서(출아법) 새 생명이 된다면 그 많은 희로애락은 없었으리라.

실험실에서 짚신벌레를 키울 때 먹이로 짚 삶은 물을 쓰는데 이놈도 어쩌다가 짚과 연을 맺고 산다. 이놈들은 좀 지저분한 곳에 살아 도랑이나 연못 물에서도 물이 흐르지 않고 고여 거품이 떠 있는 곳에서 주로 산다. 그래서 그곳 물을 떠와 짚물에 넣어 두고 이놈들의 이분법, 접합 등의 생활사를 관찰한다.

짚신벌레는 아무것과 함부로 짝을 짓지 않고 궁합이 맞는 제 짝을 찾아내어 짝짓기를 한다. 0.2밀리미터 정도의 미물이 뭘 안다고 잘생기고 건강하고 성질 좋은 것을 알아내는 것일까. 이것을 교미

형이라 하는데 분명히 사람들도 남녀의 만남 뒷배경에는 서로 좋아하는 뭣이 있는 것이다.

앞서 짚신벌레는 더러운 물이라야 잘 사는 동물이라 했지만 그래도 세제, 농약이 섞여 흐르는 오염된 물에서는 살지 못한다. 한마디로 나라 곳곳에 짚신벌레도 못 사는 도랑이 즐비하다.

그렇다면 이 짚신벌레에게도 겨울이 있을 터인데 이들은 어떻게 겨울나기를 할까. 어떤 놈은 도랑물이 잦아든 흙 속에 껍질을 둘러쓰고 들어앉고 어떤 놈들은 얼음 속에 파묻혀 옴짝달싹 않고 봄을 기다린다. 겨우내 이놈들의 몸 안에서는 양분이 타서 열과 에너지를 내니 생명이란 모질다.

짚신벌레는 1개의 세포로만 된 단세포동물이라고 했다. 수십 가지 기능을 가진 세포 하나 때문에 사람이 생명력을 발휘하듯이, 짚신벌레에도 먹고 소화시키고 배설하고 생식하는 기능 등 있을 것은 다 있어서 생명력을 발휘한다. 물에 녹아 있는 유기물을 세포 중간에 쏙 들어간 세포입에서 집어삼키면 식포(食胞)가 둘러싸서 소화액을 내어 소화시키며 세포를 한 바퀴 돌아 가수분해(소화)된 찌꺼기는 세포항문으로 배설된다.

민물 농도가 짚신벌레보다 낮아서 물이 자꾸 짚신벌레 몸 안으로 들어간다. 이 물을 퍼내야 농도가 일정하게 유지되는데 이 일을 도맡아 하는 작은 세포기관이 수축포다. 이때 소변 성분도 물과 같이 나가니 도랑물로 세수를 했다면 거기에는 짚신벌레의 대소변이 녹아 있을 것이다.

그런데 짚신벌레 무리는 반드시 물에 들어 있는 유기물만 먹는 게 아니라 자기보다 작은 다른 종의 짚신벌레도 잡아먹는다. 앞의 놈이 초식 짚신벌레라면 후자의 것은 육식성이다.

눈에 겨우 보일락말락하는 녀석들도 먹고 먹히기를 한다니 그것들 삶도 인간 삶의 얼개와 크게 다를 게 없다. 미물은 결코 미물이 아닌 것이다.

유성생식과 무성생식

유성생식은 암수의 생식세포에 의한 생식 방법을 말한다. 암수의 성이 분화되어 각각의 생식세포가 형성되고, 다른 배우자와의 합일, 즉 수정에 의하여 새로운 개체가 형성되는 것이 전형적이다. 원생동물이나 어떤 하등 조류 종은 암수 분화가 뚜렷하지 않고 접합으로 번식하는데, 이것은 원시적인 유성생식이다. 유성생식은 암수가 서로의 유전물질을 바꾸는 생식법으로 진화의 가능성이 훨씬 높다.

무성생식은 암수에 관계없이 이루어지는 생식법을 말하며, 출아법(出芽法)·포자법(胞子法)·분열법(分裂法) 등이 있다. 넓은 뜻으로는 영양생식도 여기에 포함된다. 출아법은 모체에서 싹을 내고 떨어져 나가 성체가 되는 생식법인데 효모 등에서 볼 수 있다. 포자법은 주로 곰팡이 무리에 많으나 동물에서는 말라리아 번식이 이에 속한다. 분열법으로 번식하는 것에는 세균, 규조류, 편모조류, 녹조류 등이 있다.

'게'에게서 배우는 삶의 지혜

"게 새끼는 꼬집고 고양이 새끼는 할퀸다."라는 말이 있다. 유전적 본능은 속일 수 없다는 뜻이다. 그래서 사람은 혼사할 때 집안을 본다. 짝을 잘못 만나면 말 그대로 게도 구럭도 다 잃는다. 요새 사람들이 게를 잡아 물에 도로 넣듯이 만나서 살다 헤어지는 일을 하도 예사로 하니 하는 말이다.

미국에도 우리나라 꽃게와 매우 유사한 blue crab[*Callinectes sapidus*]이라는 식용 게가 있는데 주로 미국 동부 지방에 산다. 독자들 중에는 soft-shell-crab이라 하여 늦봄에서 초여름에 걸쳐 껍질이 보드라운 게를 껍질째로 먹어 본 사람이 있을 것이다. 이 무렵이 게가 성장하기 위해서 막 구각(舊殼)을 벗을 때다. 바로 탈피라는 고통을 넘긴 얼빠진 게인데, 입천장을 다치게는 하지만 껍질째로 아그작아그작 씹어 먹는 맛이 일품이라 미식(美食)이요, 고급 요리로 친다. 아마도 냉동 식품으로 우리나라 고급 음식점에서도 팔고 있을 것이다.

게는 보통 수명이 3년이며 그동안에 껍질을 20번 정도 벗는다. 딱딱한 껍질인 외골격(外骨格)이 겉을 싸고 있는데 이것을 반복해 벗어 버리면서 자란다. 한마디로 이들은 껍질을 벗으면서 자란다.

　게는 어느 것이나 다리가 5쌍인데 맨 앞의 것이 집게발이다. 제일 뒤의 것은 발톱 끝이 노처럼 납작하고 얇아서 주로 헤엄치는 데 쓰고, 가운데 3쌍은 게걸음질에 쓰는 걷는 발인 보각(步脚)이다. 등딱지는 머리와 가슴이 모여 있고 꽁지는 밑에 붙어 있는데 이것이 배(복부)다.

　'게꽁지만 하다'라는 말은 지식이나 재주가 극히 얕고 짧다는 뜻인데 수놈 꽁지가 암놈보다 더 작으니 게도 사람 닮아 수놈이 철이 늦게 드나 보다. 어쨌거나 게는 꽁지로 암수 구별이 가능하다. 꽁지가 갸름하고 길쭉하면 수놈이고 둥그스름하고 넓적하면 암놈이다. 암놈은 거기에 알을 슬어야 하니 크고 넓은 것이다. 사람도 엉덩이 골반이 넓어야 순산을 하듯이 말이다. 그리고 우리가 흔하게 쓰는 인용부호인 큰따옴표(" ")를 게발톱표라고 부르는 것을 필자도 이 글을 쓰면서 처음 알았다. 어쩌면 이렇게 잘도 이름을 붙여 놓았는지 모르겠다.

　게들의 사랑을 보자. 게들도 상대가 튼튼하고 잘생긴 집안이라야 짝짓기를 한다. 마음에 들고 궁합이 맞는 짝을 만나면 수놈이 먼저 암놈 등에 올라타(1주일 정도) 암놈이 탈피하길 기다린다. 자극을 받은 암놈이 탈피를 하여 산란을 하면 거기에 수놈이 정자를 뿌려(체외수정이다) 수정시킨다. 그런 후 암놈은 수정란을 뱃바닥 보드라운 털에 다닥다닥 붙인다.

　이때의 알은 모래 씹히듯 해 잘 먹지 않는다. 막 알에서 나온 새끼들은 제 어미보다는 새우를 더 닮은 조에아가 되고 이것이 최소한 8단계의 변태를 하여 게 새끼가 된다.

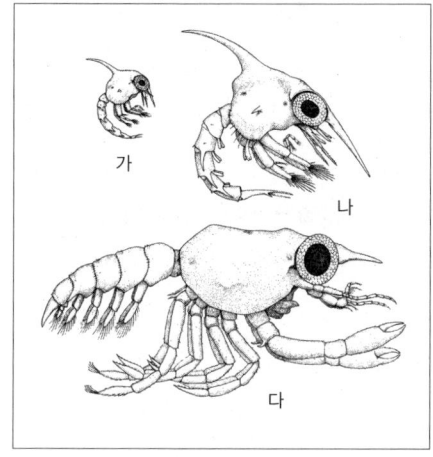

바다 게의 유생 단계는 조에아와 메갈로파 (megalopa)이다. 알이 깰 때 먼저 조에아가 나타난다(가). 조에아는 6주 동안에 6번 허물을 벗으면서 크기가 커지고 구조가 발달되어 7번째 단계에 이른다(나). 한 번 더 허물을 벗으면 조에아가 메갈로파로 변태된다(다). 어미 게와 마찬가지로 메갈로파는 집게발과 5쌍의 발이 있다. 2주일 뒤에 마지막으로 탈바꿈하고 드디어 게가 된다.

게 껍질은 약이나 화장품 재료로 쓰이는데 그것의 주성분은 탄산칼슘이고 마그네슘, 스트론튬, 인산 등의 무기염류와 여러 종류의 유기물도 들어 있다. 게 등딱지 하나에서도 여러 가지 성분을 뽑아내어 사람들이 쓰고 있으니 사람의 지혜가 가상하다 하겠다.

넓디넓은 바다에서 맘껏 다리질하는 게가 있는가 하면 산골짝 돌틈에 몸을 맡기고 사는 물고기가 있다. 그 중 한 종을 보자.

서유구의 「전어지(佃漁志)」에 보면 "살색이 빨갛고 선명해 소나무의 마디와 같다 하여 송어(松魚)라 한다."라는 기록이 있다. 이 송어가 바로 연어 사촌으로 열목어, 산천어와 함께 연어과에 드는, 물이 맑고 깨끗하며 수온이 낮은 곳에 사는 내수어종이다.

송어는 사는 습성이 연어와 똑같아서 모천회귀(母川回歸)도 하는데 바다에 살다가 성어(成魚)가 되면 제가 태어났던 강으로 올라와 (9~10월경) 자갈이 많은 여울에 웅덩이를 파고 산란한 후 연어처럼 암수가 죽는다. 부화된 새끼들은 산란장에서 겨울을 보낸 후 다음

해 4~5월경에 바다로 가 2년 반 정도 지내다 다시 어미가 살던 강으로 올라온다.

여기서 산천어를 덧붙이지 않을 수가 없다. 알에서 부화돼 나온 송어 새끼들 중에는 이상하게도(아무도 그 이유를 알지 못한다) 바다로 가지 않고 산 계곡으로 거슬러 올라가는 놈이 있다. 짠물을 싫어하는 이놈들은 산골짜기로 숨어들어 거기서 평생을 살고 또 그곳에서 새끼치기를 연년세세 해 왔다.

산천어는 몸길이가 30센티미터 정도로 송어보다는 작다. 이렇게 송어와 산천어는 원래 같은 종이며 송어 암놈과 산천어 수놈 사이에 새끼가 생겨나기도 한다. 산천어처럼 바다에 살던 어류가 민물에 적응한 종을 육봉종(陸封種)이라 부른다.

미국에는 육봉종 송어가 30여 종이 있다. 그 중에서 무지개송어는 양식이 잘되어 그 씨가 온 세계에 퍼져 있고 우리도 그것을 수입하여 찬물 나는 곳에서 많이 키우고 있다. 무지개송어는 원래 육식성으로 수서곤충을 잡아먹고 사는 놈이나 먹이 먹기에도 길들여져서 소 키우듯 사료를 먹여 키운다. 실험실에서 알과 정자를 섞어 수정시켜 치어(稚魚)를 마음대로 얻을 수가 있으니 웬만한 장치만 있으면 키우는 것이 어렵지 않다. 결국 지금 우리가 먹는 송어는 북미 원산인 육봉종 무지개송어다.

파충류와 포유류를 넘나드는 오리너구리

　　오스트레일리아 동부에 오리너구리[*Ornithorhynchus anatinus*]라는 동물이 있다. 이놈은 가장 하등한 포유류인데 엉뚱하게도 알을 낳아 품고 부화 후에는 새끼를 젖으로 키운다. 참 별난 녀석이다. 이 녀석은 파충류와 포유류의 중간 특징을 많이 가지고 있어서 진화에서 말하는 중간생물(中間生物)의 일종이다.

　　오리너구리는 부리가 오리 주둥이를 닮아 duckbill이라고도 하는데 몸통에는 부드러운 털이 나고 앞다리에는 발가락 사이에 물갈퀴가 있어 물과 뭍을 오가며 산다. 수놈은 몸길이가 50센티미터, 체중 1.7킬로그램 정도로 암놈(43센티미터, 0.9킬로그램)보다 크고 대소변과 알이 하나의 구멍(총배설강)에서 나오기에 캥거루보다 하등한 단공류(單孔類)로 분류된다.

　　다시 말하지만 파충류와 포유류의 모자이크로 양쪽 특징을 모두 가지고 있어서 정자의 형태나 염색체도 그 중간 특징을 지닌다. 수명은 대략 12년이고 낮에는 수로(물길) 옆의 굴속에서 지내다가 밤에만 기어나와 물속의 새우나 조개, 수서곤충을 잡아먹는다.

　　산란기가 되면 풀 이파리를 깔아 정교한 집을 짓고 보통 2개의 오리너구리.

알을 낳아(알 낳는 것을 본 사람은 없다) 품는데 알은(체온 31.5도) 10일 후면 부화된다.

알 속의 새끼들은 부화될 때가 되면 조류나 파충류같이 안에서 난치(卵齒)로 알을 깨고 나오는데 어미는 그들에게 2개의 젖꼭지를 하나씩 물린다.

수놈은 부성 본성을 발휘하여 굴 앞에서 어미와 새끼를 지킨다. 뒷다리에 있는 독샘으로 공격, 방어하고 텃세도 부리는데 이렇게 생물 모두가 별다른 방어 무기를 갖고 있다. 그리고 발정기에는 수놈이 암놈의 꼬리를 물고 물속에서 빙글빙글 돌면서 구애행위를 한다니 암수 짝짓기도 우리를 혼란에 빠뜨리는 수가 많다.

오리너구리는 곤죽 같은 진창 속에서 먹이를 찾을 때 눈, 코, 입술을 모두 닫아 버리는데도 새우 새끼를 잘도 잡는다. 물에 들어가면 길게는 1시간 반을 물밑에서 헤매는데 오리들처럼 이놈들도 먹이를 찾을 때면 부리를 좌우로 빠르게 흔들어 댄다(1초에 3번 정도).

학자들이 그 이유를 파고들었더니 부리 끝에 수천 개의 작은 구멍이 파여 있었는데 그곳에 촉각을 느끼는 신경이 분포돼 있고 아주 약한 전기도 느낄 수 있는 감각기관도 있었다고 한다. 새우는 홱홱 움직일 때도 약한 전기장(電氣場)을 만드는데 그것을 감지하는 장치가 있더라는 것이다. 이뿐만 아니라 냄새, 맛까지 알아내 먹이를 잡아낸다.

호주는 대륙과 오래 전에 격리(진화의 중요한 인자로 취급된다)되어 나름대로 특색 있는 동물이 많다. 오리너구리와 아주 비슷한 종으로는 바늘두더지라는 놈이 있다. 역시 단공류로 땅에만 살면서 끈적한 긴 혀로 굴속의 흰개미를 잡아먹고 사는데 고슴도치를 빼닮았다.

오리너구리는 살갗에 보드라운 털이 촘촘히 나서 0도의 물에서도 3도 이상으로 체온을 유지할 수 있다. 그리고 어미 젖에는 다른 포유류에 비해 철분이 풍부하다. 이것은 다른 포유류에 비해 간이 너무 작아 철을 저장하지 못해 생긴 하나의 보상작용 같다.

1억 5000만 년 전 파충류에서 가지 하나가 뻗어 나왔으니 바로 포유류의 조상인 오리너구리다.

단공류(單孔類)
한자가 의미하듯이 구멍이 하나라는 뜻인데 바로 소변, 대변, 알(정자)이 '한 구멍에서 같이 배출되는 것'을 말한다. 포유류를 제외한 모든 동물은 이렇게 총배설강을 가지고 있으나 포유류가 되면 대소변이 따로 분화된 구멍으로 나오는데 포유류 중에서 제일 하등한 단공류는 아직 덜 분화되었다는 것이다. 단공류에는 바늘두더짓과의 2속 4종과 오리너구릿과의 1속 1종이 있다. 이들은 뉴기니와 오스트레일리아 등지에 분포한다.

암놈들이 수놈 쟁탈전을 벌이는 펭귄

'얼음판의 황제'란 말에는 혹독한 추위를 견딘다는 의미가 들어 있어서 칼날 같은 찬바람도 이겨 내는 펭귄의 딴 이름이다. 남미와 남아프리카의 끝이나 호주 남극지방에 사는 펭귄은 세계적으로 17종이나 된다.

지금 이야기하는 황제펭귄은 남극에 사는 놈으로 학명이 아프테노디테스 포르스테리[Aptenodytes forsteri]이다. 펭귄 중에서 제일 커서 서 있으면 키가 90센티미터쯤 되고 곧추서서 걸어가는 모양이 사람과 흡사해서 '인조(人鳥)'란 별명도 있다. 펭귄들은 떼를 지어 군생하는 것이 특징이다. 물에서 먹이를 잡아야 하겠기에 앞날개는 지느러미를 닮았고 발에는 오리발(물갈퀴)이 있다.

펭귄은 지구에서 가장 열악한 환경에 사는 새들이라 알은 1개밖에 낳지 못한다. 알의 크기는 소프트볼(soft ball) 크기만 하며 부화하는 데는 9주일 정도 걸린다.

펭귄은 암놈들이 싸워서 수놈을 차지하는 괴상한 동물이다. 아마도 새끼를 부화시키는 데 건장한 수놈이 필요하기에 그런 것 같다. 무슨 말인고 하니 암놈은 알을 낳고 나면 수놈이 새끼를 품고 있는

65일 동안 나 몰라라 맡겨 두고 바다로 달려가 먹이 사냥이나 즐기기 때문이다. 반면 수놈은 알을 두 발 위에 조심스럽게 올려놓고 쪼그리고 앉아서 먹는 것도 잊은 채 강풍이 몰아치는 칠흑 같은 긴 겨울을 보낸다.

이때 추위를 이기기 위해서 수컷들은 공기도 못 지나갈 만큼 다닥다닥 달라붙어 열 발산을 줄인다. 어쨌거나 새끼가 알에서 나올 때쯤이면 아무것도 먹지 못한 수놈 아비는 온몸의 기름이 다 빠져서 원래 체중의 2분의 1에서 3분의 1까지 줄어드는 생명의 극한 상황에 놓인다. 펭귄 아버지는 그렇게 사랑을 말로 하지 않고 몸으로 한다. 정말로 처참한 사랑이다.

신기한 것은 새끼가 나오면 어미 암놈은 먹이를 배 가득히 채워 와서 그것을 토해 새끼에게 먹인다는 것이다. 이런 일이 모두 남극의 달빛이 반사되는 광활한 얼음판 위에서 일어난다. 이 펭귄 새의 체온은 사람의 체온과 비슷한데 여기서 체온이란 깃털 속의 것을 말한다. 피의 온도라 하는 것이 더 옳겠다.

부화된 새끼는 2개월 동안은 밖에 나가지 못하고 알이 있던 그곳에서(새끼를 키우는 주머니) 머물다가 털이 충분히 솟아났을 때라야 돌아다닌다. 만일 솜털만 겨우 났을 때 주머니에서 빠져 나오면 바로 얼어죽는다. 어미 새의 발 위에도 깃털이 수북히 나서 새끼에게는 따뜻한 보금자리가 된다.

2개월이 넘어 제법 크면 먹새도 좋아지니 어미, 아비는 모두 먼 바다로 먹이를 잡으러 나가고 새끼들은 끼리끼리 모여 지낸다. 배를 채워 온 어미 새들이 꽥꽥 소리를 치면서 돌아오면 새끼들은 그 소리를 알아듣고 제 어미, 아비를 귀신같이 찾아간다. 수천 마리의 새끼들이 어찌 알고 서로를 찾아가는 것일까. 분명한 것은 어미는 새끼 소리를, 또 새끼는 어미 소리를 기억하고 있어서 눈이 아니라 소리로 서로를 찾는다는 것이다. 제비, 참새, 갈매기도 소리로 서로를 알아차린다.

펭귄은 날개가 퇴화되어 날지 못한다. 먹이는 크릴새우, 오징어, 물고기들이고 천적은 바다표범 무리들인데 그 추운 남극에서도 먹고 먹히는 처절한 약육강식의 싸움이 벌어지고 있다. 펭귄은 수명이 20년 정도이고 4살이면 어른이다. 얼음 위로 기어가는 이 바닷새의 모습은 영락없는 거북이다.

그럼 북극의 바다표범은 어떻게 살고 있을까. 바다표범은 덩치가 커서 350~450킬로그램이나 되고 사람처럼 새끼를 낳아 키우는 포유동물로 뭍에서 살다가 바다로 되돌아가 재적응한 종이다. 북극의 해안에 살면서 주로 대구를 잡아먹으며, 새끼를 낳을 때는 덜 추운 베링 해나 홋카이도 쪽으로 내려온다. 일부다처이며 고래와 생리, 생태가 유사하다.

전문가 해녀도 산소통 없이 무자맥질하는 깊이가 20미터 정도이고 시간도 3분이 고작이다. 그러나 바닷살이 하는 이 표범은 물경 500미터 깊이까지 들어가서 70분간이나 물밑을 헤매면서 고기를 잡는다니, 특수한 생리를 가졌다 하겠다.

바다표범은 영하의 물에서 살아야 하기에 엄청나게 두꺼운 단열층인 피하지방층이 발달해 있다. 사람의 경우 피하지방층은 여자쪽이 훨씬 더 발달하여(여자는 몸의 25퍼센트가 지방이나 남자는 많아야 18퍼센트 정도다) 시베리아 특급 바람이 불어도 스타킹 한 겹으로 너끈히 추위를 견딘다.

바다표범은 어떻게 70분 동안이나 숨 한번 쉬지 않고 바다를 헤집고 다니며 500미터 깊이의 수압을 견디는 것일까. 바닷물의 수압이 10미터 깊이마다 1기압씩 올라간다니 500미터 깊이면 50기압이다. 사람은 맨몸으로 그 깊이에 들어가면 수압에 눌려 갈비뼈가 모두 부러지고 허파가 터진다. 그래서인지 이 동물은 기름층이 두껍고 허파가 매우 작으며 뼈가 단단하다. 어미 뱃속에서 새끼로(잠수함 속의 잠수함) 클 때부터 500미터를 들락거렸으니 그렇게 몸이 적응한 모양이다.

한 번 호흡으로 어떻게 70분을 살아남는지 살펴보자. 사람은 체중의 7퍼센트가 피인 데 반해 이 녀석들은 사람의 2배인 14퍼센트나 되어 사람보다 2배 많은 산소를 핏속에 담는다. 사람은 피의 약 40퍼센트 정도가 산소를 결합시키는 적혈구인데 바다표범은 피의 60퍼센트가 적혈구이다. 그래서 한 번 숨 쉬고 들어가서 그렇게 긴 시간을 견딘다.

그뿐만 아니라 일단 물에 들어가 헤엄치기 시작하면 혈관이 수축되어 피의 순환이 갑자기 줄어서 산소가 절약되고 콩팥 같은 몇몇 기관에는 피가 거의 흐르지 않는다고 한다. 그러나 눈이나 뇌, 척수같이 먹이를 잡는 데 필요한 기관에는 피가 충분히 공급된다는 사실을 해양과학자들은 밝혀냈다. 이것말고도 지라(비장)가 매우 커서 전체 피의 60퍼센트를 저장하나 사람은 겨우 10퍼센트밖에 저장하지 못한다. 어느 생물이나 다 제가 사는 살터에 생리적으로 적응하게 돼 있다. 사람이 단거리선수 체질이라면 바다표범은 마라톤선수라 하겠다.

폐활량이 크게 타고나고 적혈구 수가 많아 근육에 생기는 젖산을 빨리 분해하는 유전적 소질을 가진 사람들도 있다. 황영조, 이봉주 선수들이 그 예다. 잠수부는 수압이 높아지면 질소가 피에 녹아들어 시각장애는 물론이고 나른하고 무의식 상태가 되기 쉽고(잠수병), 저기압의 파일럿은 반대로 핏속의 질소가 나와 거품을 만들어 그것이 관절, 뇌, 척수의 혈관을 마비시켜 심하면 목숨을 잃을 수도 있다. 추위나 수압까지 생물의 삶을 방해하는 제한요소(制限要素)라는 것을 이야기했다. 적당한 기압에 사는 우리는 참 행복타 하겠다.

식물의 독성이 오히려 사람을 끈다

언제 누가 우리나라의 단군신화를 지었는지는 모르겠으나 뜯어보면 그 속에 생물학적으로도 재미있고 의미 있는 것이 스며 있다. 환인의 아들 환웅이 이 세상에 내려와 태백산의 신단수 아래에서 세상을 다스릴 때 사람이 되려는 곰과 호랑이에게 영애(靈艾, 쑥)와 마늘을 먹였는데 호랑이는 이것을 못 참고 곰은 이겨 내어 웅녀가 되었다. 웅녀가 환웅과 결혼하여 낳은 아들이 단군이다.

모든 글은 당시의 시대상을 반영한다. 단군신화에 나오는 이 마늘과 쑥은 귀한 음식으로, 호랑이와 곰은 산야에 득실거렸으리라는 것을 쉽게 짐작할 수 있다. 어떤 의미든 쑥〔艾〕을 그냥 쑥이라 하지 않고 영적인 쑥〔靈艾〕이라고 표현하는 데에서도 마늘이나 쑥이 조상의 넋이 배인 식물이라는 것을 알 수 있다.

본론으로 돌아와서 신화에 등장하는 마늘은 지금 우리들이 먹는 중앙아시아 원산지의 것이 아니라 전국의 높은 산에 자생하는 산마늘[*Allium victorialis var. platyphyllum*]이 아닌가 싶다.

산마늘은 다년초로 넓은 잎이 2, 3개 나고 줄기 길이는 20∼30센티미터이며 꽃은 흰색이거나 노란색이고 검은 종자를 맺는다. 언젠가 오대산 월정사 뒷산에서 마을 사람들이 씨를 받아 키우는 것을 본 적이 있었는데 요사이는 대량 재배하여 판다.

어쨌거나 마늘, 양파, 파, 부추, 산달래는 쏘는 맛과 진한 향 등 여러 가지(생리, 생태, 발생 등)가 비슷하며 속명도 모두 같다(*Allium*). 그중에도 마늘(*A. sativum*)과 양파(*A. cepa*)가 성질이 비슷하여 같이 묶어 설명하겠다.

마늘은 민간요법에서 강장제, 건위(健胃)제, 이뇨제, 구충제로 써왔으며 근래는 몸의 내분비계를 활성화시켜 항암 효과가 있음이 밝혀졌다. 특히 마늘기름은 혈액순환에 좋다 하여 상품화되어 널리 팔리고 있다. 사실 마늘과 양파가 없는 식단은 두렵기만 하다.

마늘이나 양파를 먹고는 거짓말을 못한다. 안 먹었다고 시치미를 떼지 못한다는 말이다. 왜냐하면 그것들이 몸에서 소화, 흡수되어 혈액으로 들어가 호흡(숨 쉬기)이나 땀으로 나오기 때문인데 마늘 냄새의 주범은 황화합물이다. 마늘 냄새가 트림, 방귀는 물론이고 날숨, 땀 등에 묻어 나오니 한마디로 몸에 배인 것이 솔솔 밖으로 휘발된 것이다.

한때는 외국인들이 "김포공항에서는 마늘 냄새가 진동한다."라고 마늘, 양파 먹는 우리들을 비꼬기도 했다. 바뀌지 않는 것은 없는 법이어서, 지금은 온 세계가 마늘 냄새로 뒤덮일 정도로 마늘먹기가 유행이다.

말이 나온 김에 덧붙이자면 언어 정책이란 무서워서 35년간 일본이 우리나라를 휘저으면서 남기고 간 말이 너무도 많고 구석구석에 아직도 화석처럼 남아 있다. '다마네기'도 그 하나로 골목에서 이것을 사라고 외치는 아저씨를 보고 있자면 혼쭐내고 싶을 정도로 밉지만 먹고살겠다는 그 절규에 연민이 발동해 끝내 함구하고 만다.

마늘 특유의 냄새는 알리신(allicin)이라는 황화합물인데 마늘을 그냥 두면 냄새가 나지 않으나 자르거나 다지면 냄새가 난다. 마늘이 자극을 받으면(상처가 나면) 알린(allin)이라는, 냄새가 없는 전구물질 (활성화되기 전의 물질)이 알리나제(allinase)라는 효소의 작용으로 알리신이 되어 스컹크가 독가스를 분비하듯 냄새를 낸다. 꼭 알아야 할 것은 마늘이 냄새를 내는 것은 제 몸을 방어하기 위함이다.

양파도 가만히 두면 냄새가 나지 않으나 자르거나 한 켜 두 켜 벗기면(스트레스를 받는다고 해도 좋다) 냄새는 물론이고 눈물까지 나게 한다. 이것도 황화합물질 때문인데 양파의 것은 마늘의 전구물질(알린)과 화학 성분은 같으나 구조가 조금 다른 이성체(異性體)가 활성화된 것으로 50가지가 넘는 여러 형태로 바뀐다. 물로 씻으면서 양파를 벗기면 냄새나 눈물이 안 나는 것은 바로 이 물질들이 수용성이라 물에 녹아 버리기 때문이다. 또 양파를 냉장고에 넣어 차게 한 뒤에 벗겨도 냄새가 덜 나는데 그것은 낮은 온도에서는 그 물질들이 휘발되지 않기 때문이다.

이미 1858년 파스퇴르가 마늘에 항세균성이 있다는 것을 밝혔다. 슈바이처도 마늘이 설사를 멈추게 하는 데 좋다는 것을 알고 아프리카로 가져갔다고 한다. 25만분의 1로 희석한 마늘즙에서 비브리오(Vibrio), 바실루스(Bacillus) 같은 세균이 죽는 것을 관찰했다는 것이다. 마늘은 세균말고도 곰팡이, 효모 등도 죽이는 힘이 있으며 혈전증에 특효가 있다는 사실도 밝혀졌다.

마늘 연구의 역사를 낱낱이 들자면 한이 없다. 한 예로 말 다리(정맥)의 피가 굳는 혈전증에 마늘이 좋다는 것을 알아내려고 많은 학자들이 심혈을 쏟았다. 마늘기름이나 양파기름이 혈소판이 파괴되면서 나오는 트롬보겐(thrombogen)의 작용을 억제시켜 혈관 피가 응고되는 것을 막는다는 것인데, 조금 더 설명을 보태면 혈소판의 트롬보겐이 트롬빈(thrombin)으로 바뀌고 그것이 피브리노겐(fibrinogen)을 피브린(fibrin)으로 바꾸면서 피가 응고되는데 초반에 일어나는 트롬보겐의 작용을 억제해 다음 반응이 못 일어나도록 한다는 것이다.

다시 말하면 마늘이나 양파가 독한 물질을 분비해 세균이나 곰팡이가 침입하는 것을 막는다는 것인데 혈액 응고를 막는 성질이 그들에게 어떤 도움이 되는지는 아직 알지 못한다.

마늘과 양파(페르시아 원산)는 재배식물 중에서 역사가 가장 깊다. 그래서 오래 전부터 이것들을 민간요법으로 사용해 왔다. 소독약, 해열제, 지사제, 두통약, 구충제 등으로 써 왔고 몸의 면역성(저항력)을 길러 주는 식물로도 생각했다.

먹는 방법만 해도 날것부터 시작해 마늘술(강장제), 양념가루, 마늘종, 마늘잎조림, 장아찌 등 다 못 헤아릴 정도다. 우리가 먹는 마늘은 뿌리가 아니고 줄기여서 인경(鱗莖)이라 한다. 고구마는 뿌리를, 감자는 줄기를 먹는 것이라는 구분과 비슷하다.

어릴 때 쇠죽을 끓이고 남은 불에 마늘을 구워 먹었던 기억이 난다. 요즘은 음식점에서도 이것을 익혀 먹기를 좋아하는데 학자들은 날로 먹는 것이 더 좋다니 마늘을 얇게 썰어 물에 담갔다가 덜 맵게 해서 먹는 것이 좋겠다. 김치에 넣는 생마늘은 변성이 되지 않으니 김치를 많이 먹는 것도 좋겠다.

여기서 유독 마늘과 양파 두 가지만 강조했지만 "4월 부추는 사촌도 안 준다."라는 말이 있을 정도로 부추도 몸에 좋다. 이렇듯 우리의 먹거리는 모두가 각기 다른 원소를 가지고 있으므로 골고루 먹는 것이 무엇보다 중요하다. 그것만한 보약이 없다.

사람들은 흔히 매사를 사람 본위로 생각하는 버릇이 있다. 마늘과 양파가 페니실린만큼이나 세균, 곰팡이를 죽일 수 있는 항생제이고 아스피린처럼 혈전증에 좋다고 하면 그것이 사람을 위해서도 그런 줄 착각한다. 실은 모두가 그들의 생존가(生存價)를 높이기 위함인데 말이다. 세균이나 곰팡이로부터 제 몸을 보호하려는 것인데.

벌레 잡아먹는 식물 열 내는 식물

    생물의 제일 큰 특징은 다양성이다. 하나같이 종에 따라 모양, 크기가 다르고 생식, 발생 방법도 다 다르다.

  식물을 크게 보면, 세포에 있는 엽록체로 스스로 양분을 만드는 녹색식물과 엽록체가 있으면서도 참나무 같은 데에 기생 뿌리를 박고 사는 겨우살이 같은 반기생식물, 완전히 다른 식물에서 양분을 얻는 엽록체가 없는 실새삼 같은 전기생식물이 있다.

  그뿐만 아니라 동물을 잡아먹는 식물도 있으니 이른바 벌레잡이식물(식충식물)이다. 이들 중 열대지방의 어떤 종은 벌레가 아닌 개구리나 생쥐까지도 먹어 치운다니 육식식물(肉食植物)이라 해야 옳겠다.

  식충식물들은 여러 갈래로 벌레를 잡는데 끈끈한 꿀을 분비하여 유인하는 등 모두 액체에서 향기를 발산해 벌레들을 잡아끄는 공통점이 있다. 또 이들은 뿌리가 아닌 잎으로 양분을 흡수하는데 잎은 벌레잡이장치가 변한 것이다.

  잎으로 양분을 흡수하는 방법은 잎에서 소화액을 분비해서 먹이를 직접 분해하는 경우와 먹이가 빠진 물속의 세균이 먹이를 분해한 후 흡수하는 경우가 있다.

이러한 식충식물이 우리나라에도 3과 11종이나 있다. 끈끈이귀갯과에 끈끈이주걱, 긴잎끈끈이주걱, 끈끈이귀개(귀개는 귀이개란 뜻이다)가, 벌레잡이통풀과에 벌레먹이말이, 통발과에 파리지옥, 이삭귀개, 개통발, 벌레잡이, 제비꽃이 있다. 그러나 아쉽게도 많은 종이 이미 멸종되었다고 한다.

식충식물은 모두 꽃이 피어 종자(씨)로 번식하며 습지나 연못, 논밭에 사는 것이 특징이고 큰 것은 키가 30센티미터나 넘는다. 우리나라에서는 주로 습지나 물에 사는데 외국의 몇 종은 토양이 메마르고 건조한 황무지에서도 산다.

이 식물들이 왜 이렇게 적응했을까. 습지나 양분이 부족한 곳에는 특히 질소가 부족해 분해된(벌레의 단백질에 질소 성분이 많다) 벌레에서 질소를 흡수하게끔 진화했다고 본다.

그런데 대부분 이들 식물들이 뿌리로 질소를 충분히 흡수한다고도 하니 정답을 찾기가 어렵다. 그렇다고 생물계의 불가사의의 하나라고 치부하고 넘어가려니 찜찜하다.

끈끈이주걱은 파리가 앉은 후 1분이면 주걱잎이 180도나 굽어 파리를 잡는다는데 이를 보면 이 식물은 벌레가 붙으면 곧바로 느낀다는 것을 알 수 있다.

콩과식물의 신경초(神經草)라고도 부르는 미모사(mimosa)의 잎과 잎자루가 재빠르게 반응하는 것을 본 적이 있는데 이들 식물도 자극을 받으면 잎과 잎자루에 전기가 흐르고 팽압이 변하면서 잎이 오므라든다. 식물의 세계도 동물 세계만큼이나 복잡하다.

우리나라 것들 중에서 통발은 고인물이나 연못, 논에서 물벼룩을 잡아먹으면서 산다. 그러나 농약 남용으로 물이 오염되어 물벼룩이 죽어 버려 이것들도 멸종되지 않았을까 걱정이 된다. 식물이 없어지면 그것을 먹고살던 동물도 죽는 것은 당연지사니 말이다.

또 다른 괴팍한 식물을 보자.

친구 생일을 축하하려고 꽃 한 다발을 샀다. 하얀 꽃잎이 하도 예뻐 나도 모르게 꽃잎을 살짝 만졌는데 이게 웬일인가? 꽃잎이 뜨끈뜨끈하지 않은가! 세상에 식물이 열을 내다니, 그것도 미지근하다거나 따뜻한 것도 아니고 사람 체온보다 더 뜨거운 열을 내다니…….

이렇게 느껴지는 것은 사실이다. 열을 내는 식물을 찾아 나선 식물학자가 있었는데 지금까지 3종을 발견했다고 한다. 브라질에 서식하는 백합과 식물인 필로덴드론 셀로움[Philodendron selloum], 배추 일종인 스컹크 캐비지(skunk cabbage), 그리고 동양에 많이 자생하는 연이나 수련이 바로 그것이다. 이 식물들은 꽃이 피는 동안만 열을 낸다니 뭔가 요상한 일인 것만은 확실하다.

동물을 분류할 때 피가 있느냐 없느냐로 구별하기도 하지만 체온에 따라 온도가 일정한 온혈(정온)동물과 온도의 변화가 있는 냉혈(변온)동물로 분류하기도 한다. 그런데 전자는 그 많은 동물 중에서 조류(새 무리)와 포유류(짐승 무리)밖에 없으니 한마디로 정온동물은 빙산의 일각에 지나지 않는다.

정온동물들은 끊임없이 양분을 분해하여 일정한 열을 내면서 살아가는 데 반해 변온동물은 말 그대로 기온이 올라가면 체온도 따라 오르고, 기온이 내려가면 몸 온도도 떨어진다. 그래서 추운 계절에 변온동물은 맥을 못 추고 숨어 지내지만 정온동물인 새나 짐승들은 엄동설한에도 끄떡없이 공중을 날고 산야를 달릴 수 있다. 사람이 겨울에 밥을 많이 먹고, 돼지비계 같은 기름진 음식에 입맛이 당기는 이유도 일정한 열을 내기 위해서다.

식물 이야기로 다시 돌아와서, 열을 내는 식물들은 평상시에는 변온동물같이 주변 온도에 영향을 받으나 꽃을 피울 때는 기온보다 훨씬 높은 열을 꽃의 중간에서 내뿜는다.

백합 무리는 24시간 동안 물경 46도까지 올라가고, 배추 무리는 2주 정도를 15~22도, 연은 2~4일간 30~37도를 유지한다. 그래서 학자들은 이 식물들을 '더운 식물(hot plants)'이라고 부르는데 이 식물들은 어찌하여 하늘을 나는 새보다 더 뜨거운 열을 내는 것일까.

보통 때는 열을 내지 않다가 꽃이 필 때만 열을 내니 더욱 궁금하다. 그 이유를 찾아보자. 꽃을 피우면서 열을 내면 꽃향기가 증발돼 벌레가 꼬이니 꽃가루받이가 잘되리라는 추측과 꽃술이 든 꽃 속이 따뜻해져서 추위를 타던 곤충들이 떼 지어 모여드니 이로 인해 꽃가루받이가 일어날 것이라는 추측이 있다.

그런데 열을 내는 데는 양분의 소비(산화)가 있어야 하므로 개화기에는 식물들도 온 힘을 거기에 쏟아 붓는다. 주로 지방 성분을 태워 열을 낸다니 동물의 발열 과정과 비슷하다.

실은 식물들도(보통 때) 추우면 세포(미토콘드리아)에서 양분을 태워 열을 내고, 더우면 열을 적게 내는 온도조절장치를 가지고 있다. 이렇게 보면 동식물의 차이가 적다는 결론이 나오는데 특히 열 내는 식물들은 동물에 더 가깝다 하겠다.

털이 없고 신경, 근육, 허파, 피가 없는 식물들도 다른 방법으로 동물들이 하는 일을 다 해낸다. 그래서 동물, 식물, 사람이 만물(萬物)이라는 공통된 이름을 가졌나 보다.

식물의 생존 전략 1

"봄비는 내리면 내릴수록 날씨가 따뜻해지고 가을비는 추위를 재촉한다."라고 하는데 그 말이 맞다. 몇 번 비가 내리고 나니 응달의 잔설뿐만 아니라 땅 밑의 얼음까지 녹아서 풀, 나무는 물을 빨아들여 생기를 띤다. 정말로 나무에 수액 흐르는 소리가 들리는 듯하다.

이때쯤이면 시장 골목에는 벌써부터 봄이 내려앉아 있다. 곱게 다듬은 돌나물이며 냉이, 달래는 물론 두릅순까지 소쿠리에 가지런히 놓여 있어 봄을 느끼게 한다. 말 그대로 춘기(春氣)를 가득 머금은 정경이다.

그런데 시장 좌판을 화려하게 만드는 이 봄나물 중에도 식용과 약용이 있다. 이것들을 우리 선조들은 어떻게 알아내었나 싶지만 여러 번의 시행착오가 있었으리라.

우리가 즐겨 먹는 감자만 해도 날것으로 먹으면 아리지 않은가. 특히 감자 싹눈에는 솔라닌(solanin)이라는 독성물질이 들어 있어 날것으로 먹으면 매우 해롭다. 감자 순이 사람에게 해롭다는 것은 다른 곤충에게도 그렇다는 것인데 이는 자신을 다시는 못 뜯어 먹게 하려는 감자의 생존 전략이라고 보면 된다.

사실은 식물도 생존을 위해 자신을 먹으러 오는 동물에게 화학물질(독)을 분비한다. 바보처럼 아무 힘도 없어 보이는 식물들도 그저 먹히고만 있지 않고 여러 가지 머리를 써서 살아남는다. 식물이 상처를 입으면 진을 분비하여 다친 곳을 아물게 하는 것은 생채기 난 사람 손가락 끝에 피가 응고되는 것과 하나도 다르지 않다. 식물도 자극에 반응한다.

큰 나무들을 베고 나면 '우후죽순' 새싹이 돋는 것을 본다. 비단 소나무숲뿐만 아니라 아카시아가 모여 있는 곳에서도 그렇다. 그 이유는 무엇일까. 큰 나무의 그늘이 다른 싹이 트는 것을 방해하고, 큰 나무의 뿌리나 잎에서 다른 식물의 성장을 억제하는 화학물질이 분비되기 때문이다. 이렇게 다른 식물의 발생 성장을 억제하는 성질을 앨리로퍼시(allelopathy, 대립되는 저항하는 감정이란 뜻이다)라 한다. 그래서 "거목 밑에 잔솔 못 큰다."라는 옛말의 의미를 다른 각도에서 해석할 수 있게 됐다. 그늘만이 문제가 아니라는 것이다.

그런데 식물과 그 식물을 먹는 곤충(벌레)이 정해져 있어 재미있다. 소나무는 송충이(송충이나방의 유충)나 솔잎혹파리 유충이 먹고, 배추나 무는 배추흰나비 유충인 배추벌레가 먹는다. 식물과 곤충 사이에서도 먹고 먹히는 엄청난 생존 작전이 펼쳐진다. 송충이는 그렇다 치고 배추흰나비는 알을 배춧잎에 낳아 새끼를 키우는 대신 배추꽃에 날아가서 꽃가루받이를 하니 공짜로 새끼를 키우는 것이 아니다. 이렇게 보면 식물과 곤충 사이에도 주고받는 공생이 일어난다.

그런가 하면 식물은 곤충이 못 오게 하기 위해 여러 가지 수단을 동원한다. 사막에 사는 파켈리아[Phacelia]라는 식물은 잎의 솜털에 독이 있어서 이 풀을 먹은 초식동물은 알레르기를 일으켜 다음에는 안 먹게 된다. 우리나라에 사는 쐐기풀도 털에 독이 있어 먹으면 쐐기한테 쏘인 것과 같이 아픈데 이것도 다 자기 방어 방법이다.

사막에서 메뚜기 떼(실은 풀무치 떼다)가 모든 풀과 나뭇잎은 다 먹었으나 유일하게 아유가 레모타[Ajuga remota]만은 뜯어 먹지 않았는데 그 식물(풀)의 추출물을 다른 곤충들에게 먹여 봤더니 아니나 다를까 유충들의 입이 막혀서 굶어 죽거나 머리가 여러 개인 유충이 생겨나더라고 한다. 이렇게 식물이 한 곤충을 비정상적으로 자라게 하는 화학물질을 품고 있다니 놀랍다.

많은 곤충들이 알에서 유생이 되고, 식물을 먹고 탈피하면서 자라다가 번데기가 되고, 성충이 되는 탈바꿈을 하는데 어떤 원인으로 유생호르몬이 많이 분비되어 번데기가 못 되고 계속 유생으로 남는 수가 있다. 이것은 비정상적인 발생으로 그 벌레에겐 치명적이다.

그런데 식물이 이 점을 눈치 채고 유생호르몬과 유사한 물질인 쥬베노이드를 만드는데 곤충이 이런 식물을 먹으면 그냥 당하고 만다. 한 예로 유럽산 딱정벌레 일종인 피르로코리스 아프테루스[Pyrrhocoris apterus]가 종이 펄프의 원료인 삼나무를 먹었을 때 5번 탈피하면 번데기가 되던 놈이 6, 7번이나 허물을 벗고도 제대로 번데기가 되지 못하더라는 것이다.

또 이런 것도 있다. 돼지감자 무리에 사는 진딧물의 한 종은 새와 같은 포식자가 날아들면 이 사실을 다른 친구들에게 알리는 경고 페로몬을 분비해서 공격에 대비한다. 그런데 이때 진딧물의 분비물과 비슷한 물질을 똥딴지(국화과에 속하는 다년초)도 잎의 솜털에서 분비하여 다른 진딧물을 불안하게 교란시켜 접근을 못하게 한다. 기가 막히는 식물의 생존 전략이다.

그뿐만 아니다. 토마토는 잎을 갉아먹는 곤충의 공격을 받으면 상처 부위에서 단백질 분해효소 억제물질을 많이 만든다. 이 물질이 많이 든 잎을 먹은 곤충은 토마토 잎의 단백질 분해가 억제돼서 그 잎을 싫어하게 된다는 것이다. '내 잎을 먹어 봤자 네 뱃속에서는 소화가 안 되게끔 하겠다.'라는 토마토의 복수심도 대단하다.

살릭스 시트켄시스[Salix sitchensis]라는 학명을 가진 버드나무는 곤충의 침입을 받으면 갑자기 잎의 영양가가 떨어져 버린다. 영양가가 떨어진다는 것은 맛이 없어진다는 것으로 벌레들이 먹기 싫도록 한다는 것이다. 그리고 동시에 옆 나무들에도 곤충의 경고 페로몬과 비슷한 물질을 분비하여 맛없는 이파리들로 만든다. 나도 친구도 살리는 방어 행위다.

지금까지 식물의 적응을 보았는데 여기서는 식물의 공격을 역이용하는 곤충을 소개하겠다. 우리나라에는 살지 않지만 박주가리 무리만 먹고사는 메뚜기 한 종은 이 식물이 가지고 있는, 심장을 마비시키는 카데노리드(cardenolides)라는 독물질을 도리어 몸에 저장해 뒀다가 쥐 같은 포식자가 달려들면 분비하여 쫓는다.

유생이 박주가리 잎을 먹고 자라 번데기가 되었다가 성체가 된 나비도 박주가리의 독을 이용한다. 미주 대륙에 사는 모나크나비(monarch butterfly)라는 놈은 유생 때 먹은 독성분을 성체가 되어서도 가지고 있어 블루제이(blue jay)라는 새가 이 나비를 먹으면 그 즉시 토해 버린다. 이렇게 한두 번 당하면 블루제이는 "앗 뜨거워라!" 하고 다시는 모나크나비를 먹지 않는다.

그런데 바이스로이(viceroy)라는 나비는 모나크나비를 아주 빼닮아서(이놈은 유생이 버드나무 잎을 먹어서 독이 없음) 새들이 이놈도 무서워 잡아먹지 않는데 바이스로이처럼 다른 것을 닮아 유리하게 적응하는 것을 '의태(擬態)'라 한다.

또 다른 예로 콩과식물에 사는 작은 딱정벌레인 바구미 한 종을 보자. 이놈은 콩의 물알(씨)에 알을 낳아 유생이 그 콩을 먹고 크는 생활사를 가졌는데 유생은 전환효소를 분비해서 살충제만큼이나 독성이 강한 씨앗 속의 엘 카나바닌(L-Canavanine)을 요소와 암모니아로 분해하여 독을 없앤다.

이들 생물 이야기를 생물학적으로 해석하면 식물과 곤충과 포식자, 3자가 서로 삶의 작전을 구사하면서 같이 진화해 간다는 것이다. 식물이 해로운 물질을 만들면 곤충이 대항하는 물질을 만들고 다시 식물은 거기에 저항하는 것을 만든다. 곤충과 포식자 관계도 마찬가지다. 결과적으로 모든 동식물은 살아남기 위해 여러 가지 작전을 구사한다는 것이다.

봄이 시작되면 필자는 공연스레 마음이 설레고 발길이 바빠진다. 뒤꼍의 텃밭을 일구기에 그런데, 그 짓을 하는 건 남새라도 좀 뜯어먹자는 심보지만 실은 깡촌놈의 피는 못 속여서 뭔가 심어 키워야 하는 사육 본능이 발동하기 때문이다.

봄이 되면 흙을 살찌운다고 산자락의 덤불 낙엽에다 소나무 삭정이, 참나무, 떡갈나무 쭉정이까지 모아 태운 재를 텃밭에 흩뿌린다. 작년에도 시험 재배한답시고 퇴비를 사다 넣고 이랑을 만들어 열대여섯 가지 씨를 심었으나 봄 가뭄에 다 타 죽어 버렸는데 올해에는 풍년을 한번 기대해 봐야겠다.

언젠가 지나가면서 던진 어느 아주머니 말마따나 봄 채소는 큰 놈부터 솎아 먹고 가을 것은 잔 놈부터 빼먹어야 하기에(그래서 강한 놈을 세운다) 필자도 때가 되면 솎아 채소들이 서로 경쟁하는 것을 피하게 해 준다.

열무, 배추, 시금치가 무슨 싸움을 하나 쭈그리고 앉아 열무 골을 내려다보노라면 그것들은 물, 양분(거름)이 진한 곳으로 뿌리를 뻗고, 햇살 쪽으로 잎을 뻗어 서로 넓은 터를 잡겠다고 싸움박질을 한다. 한마디로 그놈들도 동물(사람)과 한 치의 차이도 없이 공간 확보를 위해 치열하게 투쟁한다. 촘촘하게 심어진 열무를 그대로 두면 튼실한 종자에서 싹튼 놈이 약한 것들을 짓눌러 죽이고 저만 성세(盛世)를 누린다. 식물의 세계도 먹이와 공간을 위해 경쟁하는 동물의 세계와 다름없다. 그래서 동식물들은 모두가 좋은 씨받기에 여념이 없다.

여기까지는 같은 종끼리(열무, 배추끼리)의 다툼인데 종 간의 생존 경쟁은 더더욱 처절하고 눈물겹다. 밭의 왕자는 누가 뭐래도 바랭이[Digitaria ciliaris]다. 바랭이말고도 좀바랭이, 민바랭이, 잔디바랭이가 있는데 모두 비슷하게 강한 풀들로(재배종이 아니라서 잡초라 부르나 식물분류학자들은 예쁜 학명을 붙여 놨다) 필자 같은 농부(?)를 괴롭히는 놈들이다. 놈들은 토종이라 개량종인 채소 무리는 상대가 되지 않으니 밭을 안 매고 그대로 두면 물, 거름, 햇볕 다 빼앗아 버려 남새밭이 아니라 바랭이밭이 되고 만다.

재미있는 것은 열무나 들깨를 골골이 가득 뿌려 놓으면 바랭이, 개비름도 얼씬을 못한다는 것이다. 인해전술의 의미를 여기서도 찾을 수 있다. 새가 떼를 짓고 물고기가 무리를 짓는 것과 같은 이유로 포식자에게 겁을 줘 살아남겠다는 전략이다. 앞에서도 말했지만 앨리로퍼시 성질인 것이다. 즉 소나무 밑에 다른 식물이 못 자라도록 갈로타닌(gallotannin)이라는 물질을 소나무 뿌리가 분비하는 것과 같은 이치다. 비단 소나무뿐만 아니라는 것은 쉽게 알 수 있겠는데 채소들이 띄엄띄엄 나 있으면 바랭이 씨가 싹을 틔워 쳐들어오겠으나 워낙 많은 열무, 들깨 들이 힘을 합쳐 독을 뿜어내니 바랭이, 비름도 엄두를 못 낸다.

널따란 사막에 자로 잰 듯 일정한 간격으로 자리 잡은 선인장 군집이나 둥지의 거리가 일정하게 정해져 있는 수만 마리의 갈매기는 생물은 어느 것이나 자리 매김을 한다는 것을 보여 준다.

잔디밭에 가득 핀 노랑 민들레나 산비탈의 개망초들이 함부로 나 있는 것이 아니라 어린 싹 때부터 박이 터지도록 뿌리 싸움하여 거기 서 있다고 생각하니 섬뜩하다. 식물 놈들 세계도 그렇게 평화롭지 못하다. 사람으로 태어난 것을 그렇게도 못마땅하게 여겼는데.

식물의 생존 전략 2

지구의 인구는 늘어나고 상대적으로 경작지는 줄어드니 전 세계는 밀림을 자르고 산등성이를 깎아 내는, 지구 생채기내기를 계속하고 있다. 그래서 좁은 땅에서 고수확하는 품종을 개량해 내는데 이것들은 하나같이 돌연변이 종이라 병에 약해서 농약을 퍼붓듯이 해야 한다. 큰 들판에 벼만 심어져 있으니 나무와 풀벌레들이 어우러져 사는 숲의 생태계와 비교할 때 얼마나 불안한가.

식물도 동물과 다름없이 수천 종의 병균(곰팡이, 세균, 바이러스, 선충류 등)에 시달리고 또 병에 걸린다. 그리고 나름대로 방어체제를 가동하니 병원균이 침입하면 빠르게 반응하고 수일 내로 식물 전체에 침공 사실을 알려 비상체제에 돌입한다.

사람이 벌레에 물리거나 다치면 신호를 받은 백혈구가 달려와 히스타민을 분비하여 모세혈관을 확장시켜 피가 많이 흐르게 하고 혈관의 투과성을 높여 혈액이 조직 사이로 스미도록(항체가 간다) 하는데 이 때문에 물린 자국이 가렵고 벌겋게 부어오른다. 이는 모두 상처가 낫고 있는 현상이다.

식물도 병원균이 세포벽에 달라붙어 유전물질인 DNA나 효소인 단백질을 집어넣으려고 하면, 세포와 세포 사이를 지나 체관을 타고 식물 전체에 재빠르게 공격 신호를 보내고 상처 부위에는 단백질 분해효소 억제물질을 유도하여 세포벽의 단백질이 용해되는 것을 막는다.

그것뿐이 아니다. 세포벽이 변성되고 딱딱한 리그닌(lignin)물질이 많이 쌓이며 파이토알렉신(phytoalexin)과 같은 항생물질을 만들어내며 지방산화효소(lipoxygenase)를 더 활성시키는 등 엄청나게 다양하고 복잡한 생리적 반응을 일으킨다.

여러분이 토끼풀 한 잎을 뜯었을 때 토끼풀이 얼마나 아파하는지 그때 토끼풀 안에서 얼마나 복잡한 반응이 일어나는가를 알아야 할 것이다. 잘 들여다보면 사실 척추동물(사람 포함)의 면역 반응과 퍽 유사한데 이를 두고 어떤 학자는 동식물의 면역 반응이 같은 조상(뿌리)에서 시작됐다고 단정하기도 하였다.

식물이 움직이지 못하고 소리를 내지르지 않는다고 절대로 괄시하고 무시할 일이 아니다. 잘난 우리 사람과 하나도 다르지 않는 생물임을 알아야겠다. 나와 함께 밭농사를 짓는 앞집 젊은이가 "그것들이 사람과 똑같아요."라고 한 말이 새삼 생각난다.

지금까지는 식물들이 하나같이 병원균의 침입을 막느라 혼줄이 난다고 했는데 식물 중에는 되레 세균을 유혹하는 종도 있다. 다름 아닌 토끼풀, 아카시아, 쥐눈이콩 등과 같은 콩과식물들이다.

이들은 뿌리로 흙에 사는 뿌리혹[Rhizobium] 세균에게 신호를 주고 뿌리의 문을 열고 금실(감염실)을 늘어뜨려 놓아 그 실을 타고 조직 안으로 세균이 들어오도록 한다. 흙 속에서는 질소 고정을 못하는 이 세균은 뿌리에 들어와 뿌리혹을 만들고 그 속에서(떼 지어 살면서) 식물이 주는 탄수화물을 먹고 대신 공기 중의 질소를 고정하여 암모니아로 만들어 식물에게 주니 콩과식물은 질소비료 없이도 아무 데서나 잘 자라는 것이다. 이렇게 흙에는 식물에게 유리한 많은 곰팡이와 세균들이 유기물을 먹고사는데 이것들은 밭이 걸어야 산다.

흙 속의 방선균인 스트렙토미케스[Streptomyces]는 균사가 썩힌 잎을 먹고사는데, 구수한 흙내음은 이것들이 만든다. 이 무리 중에서 스트렙토미케스 그리슈스[Streptomyces griseus]라는 세균에서 스트렙토마이신(streptomycin)이라는 항생제를 뽑는다.

곰팡이나 세균이 이런 물질을 만드는 것은 다른 세균이나 곰팡이 바이러스의 침입을 막기 위함인데 그것을 잽싸게 사람이 알아차리고 뽑아 내어 주사액이나 알약으로 만든다.

수많은 항생제는 모두 세균들끼리 싸우는 그들만의 무기인데 사람이 그것을 훔쳐 내어 제 몸의 방어에 쓰는 것이다. 항생물질은 주로 다른 세균의 효소체계를 파괴하거나 물질(합성)대사를 억제하여 죽이는데 사람도 세포로 구성되어 있어서 똑같이 항생제의 해를 받는다. 자꾸 쓰면 나중에 약효가 나지 않는다는 것도 우리는 다 안다.

그렇다면 이 항생제와 인간의 관계를 보자. 우리나라 어린이 80퍼센트가 항생제에 내성을 나타낸다는 통계가 있다. 필자도 여기저기 글을 쓰면서 약, 특히 항생제 남용을 걱정해 왔으나 많은 사람들이 감기만 걸려도 약이 만병을 통치하는 줄만 알고 겁도 없이 먹어댄다. 약은 잘 쓰면 약이 되나 그렇지 않으면 독이 되고 그 독이 쌓이면 생명도 앗아간다는 것을 모른다.

먼저 항생제란 무엇이고 어떻게 만들어지며 어떤 기능을 발휘하는가를 보자. 항생제란 말은 항미생물제의 줄임말로 미생물들이 생성하는 화학물질이다. 앞에서도 말했지만 미생물끼리도 싸움이 치열하여 다른 미생물을 죽이거나 그 미생물의 생장을 억제하기 위해 만드는 것이 항생제다.

항생제는 물질대사 과정에 장애를 줘서 상대방을 죽이는데 이것들도 천적 관계가 있어서 어떤 것은 어떤 미생물에 강력한 효과를 나타내니 우리 몸에 생기는 병에 따라서 항생제도 다르게 써야 한다. 즉 50여 종의 항생제가 특성이 다 달라서 감염균에 따라서 적절하게 짝을 맞춰 써야 한다는 것이다.

항생제는 주로 방선균 무리, 세균 무리, 곰팡이 무리에서 뽑아 내는데 플레밍은 페니실린을 바로 곰팡이의 일종인 페니실리움 노타툼[*Penicillium notatum*]에서 얻었던 것이다.

세균이나 곰팡이 무리에서 매년 수백 종의 항생제를 얻고는 있으나 약효가 있는 것은 1퍼센트도 안 된다. 우리는 아직 제대로 된 항생제를 못 만들어 모두 수입한다. 곰팡이에서 뽑은 항생제를 우리는 되레 그것들을 박멸하는 데 쓰고 있다.

그렇다면 항생제에 대한 내성이란 무엇일까? 병원균들도 자극에 대한 반응(적응)을 일으키니 항생제에 대한 저항력이 생겨 약효가 없어지거나 떨어지는 것을 내성균이 생긴다고 한다. 다시 말하면 같은 항생제를 반복해서 쓰면 병원균들이 변성을 일으켜(돌연변이가 일어나) 살균력이 떨어지는 것으로 평소에 남용하면 내성이 생겨(돌연변이를 일으켜) 수술 등 꼭 필요할 때 약발이 나타나지 않는다.

그리고 어떤 병에 항생제를 쓸 때는 끝까지 투약하여 내성균이 생기지 않도록 하는 것도 약을 쓰는 지혜다. 우리나라는 어느 곳에서나 항생제를 살 수 있는데 이 제도를 빨리 뜯어고쳐야 한다. 한국인은 모두 약에 찌들어 있다 해도 과언이 아니다. 이 점만은 인간이 식물이나 세균들보다 못한 생존 전략을 발휘하고 있다 하겠다.

화분에 피어 있는 진달래의 참이름은

　　우수가 지나고 경칩이 머리맡에 오면 정녕 얼었던 대동 강 물이 풀리고 얼어죽는 내 아들놈도 없게 된다는 봄이 온다. 옛날 에는 겨울나기가 얼마나 어려웠기에 봄을 반기는 입춘대길(立春大 吉)이란 문구를 대문짝이나 기둥에, 그것도 빨리 오라고 거꾸로 또 비스듬히 써 붙였을까.

　　경칩이 오면 나무들은 뿌리에서 물을 빨아들여 수액을 가지 끝으 로 옮긴다. 시인의 귀가 아니라도 나무 물관에 흐르는 물소리가 들 린다. 그 나무들에 진달래도 섞여 있다. 누가 뭐래도 진달래는 봄의 전령이다.

　　그런가 하면 봄의 의미는 배고픔에서도 찾아야 한다. 태산보다 더 높은 보릿고개(맥령)를 넘어야 하는 봄이 아니었던가. 10리나 되 는 학교를 오가느라 다리도 아팠지만 보리죽에 허기를 참지 못하니 진달래꽃(참꽃), 찔레순, 송기(소나무의 속껍질)는 구황 식품으론 으뜸 이었다. 두견주, 두견화채가 가진 자의 음식이었다면 토끼풀 뜯듯이 두 손으로 실컷 뜯어 먹은 참꽃 꽃잎은 가난한 우리네 음식이었다. 저 북쪽 아이들이 지금 그럴 것이라 생각하니 마음이 시리다.

한참 진달래꽃을 씹어 먹고 나면 입 주위가 푸르죽죽 물드니 친구들은 제 입에 묻은 줄은 모르고 남만 보고 배가 째지게 웃어 댔다. 그러면서도 아이들은 아이들이라 참꽃의 긴 암술을 뽑아 침을 살짝 발라 붙이고 팔을 얽어 술싸움을 했다. 수술 10개가 에워싼 암술이 가장 통통해서 술 힘도 가장 세다는 것을 경험으로 알아차린 것이다. 놀이 끝에는 너 나 할 것 없이 이마에 밤알이 다닥다닥 솟았다.

진달래는 철쭉과에 속하는 관목이다. 이우철 교수의 『한국식물도감』(1997년)을 찾아보니 철쭉과 식물이 24종이나 되며 나 같은 사람도 처음 보는 이름이 거의 전부다. 좀 심하게 뭘 몰랐다는 반성도 하면서 새삼스럽게 자연의 세계가 밑도 끝도 없이 방대함을 느꼈다. 만병초, 산진달래, 흰참꽃나무, 산철쭉 등 참 많은 식물들의 특징을 하나하나 찾아내어 이름을 붙이고 분류해 놓은 학자들의 노고에 고개를 숙인다.

진달래를 진달래라 해도 되지만 정해진 원래 이름(국명)은 진달래나무가 맞고, 보통 부를 때는 진달래, 참꽃, 두견화라고 부른다. 이 나무는 꽃을 4월께에 피우는데(경기도를 중심으로 본 것이며 제주도는 그보다 빠르고 백두산은 훨씬 늦다) 잎보다 꽃이 먼저 벌어지고 꽃눈 하나에 꽃봉오리가 한 개씩 핀다(영산홍 같은 것은 3개씩 핀다). 흰진달래나무, 털진달래나무, 왕진달래나무, 반들진달래나무 등이 있는데 비슷하게 보이지만 조금씩 다 다르다.

두견화라는 이름은 아마도 참꽃 필 무렵이면 두견이(두견새)가 날아와 울어 댔기에 붙여진 것이리라. 이 철새(4, 5월에 와서 8, 9월에 떠난다)는 뻐꾸기와 비슷한 놈으로 뻐꾸기처럼 둥지도 틀지 않는 얌체

족이다. 중국 역사를 보면 촉나라 왕 두우가 죽어서 이 새가 되었는데, 그 새소리는 망제(望帝)의 넋을 위로하는 울음이라 그 한을 달래는 시 읊음이 많았다고 한다. 슬플 때는 행진곡도 슬프게 들린다고 새 울음(사실은 끼리끼리 나누는 의사 소통을 위한 지저귐이다)도 듣는 이의 마음 가짐에 따라 다르다.

진달래나무는 약간 응달진 북쪽 비탈에 잘 자라서 그런 곳에서 군락을 이루는데 씨가 흩날려 퍼져 나간다. 봄 소식이 올 때쯤이면 이 산 저 산에 불이 붙은 듯 장관을 이룬다. 그러나 그 꽃들도 화무십일홍(花無十日紅)이라 피자마자 곧 낙화(落花)의 신세가 되고 만다. 진달래꽃은 내년에도 또 다음 해도 연년세세 꽃을 피우는데 한 번 간 사람 꽃은 되피지를 못하니 너무나 아쉽지 않은가. 그래서 착한 일만 하고 살아도 짧은 인생이다.

성질 급한 사람들은 산자락의 진달래 가지를 꺾어 꽃병에 꽂아 두고 보는데 고온을 유지해 주면 작년 가을에 만들어졌던 꽃눈이 망울을 터뜨리는 것을 볼 수 있다. 봄에 피울 꽃을 가을에 미리 만들어 놓는 이들의 준비성을 배워야겠다.

진달래나무는 꽃을 먹을 수 있어 참꽃이라 부른다면 같은 철쭉과 나무지만 꽃잎을 먹지 못하는 산철쭉나무는 개꽃이라 한다. 산철쭉나무는 꽃눈에 끈적끈적한 점액이 묻어 있는데 알고 보면 그것이 겨울에 어는 것을 막아 주는 보호막인 셈이다. 목련화의 솜털이 냉기를 이기게 하는 것과 성질이 같다.

또 개꽃이 참꽃과 다른 점은 잎과 더불어 꽃이 피고 한 개의 꽃눈에서 여러 개(2개 이상)의 꽃이 나오며 꽃잎에 진한 붉은 반점이 퍼져 있다는 것이다. 역시 수술은 10개인데 5개는 짧고 털이 붙어 있다. 어릴 때 누가 가르쳐 주지도 않았는데 개꽃은 잘도 구별하여 배고파도 뜯어 먹지 않았다.

독자들은 화분에 핀 저놈이 참꽃, 개꽃 중 어느 것일까 궁금할 것이다. 보통 꽃집에서 사서 키운 것들은 백에 아흔아홉은 진달래나무도 철쭉나무도 아닌 영산홍인데 중국이나 일본에서 들여온 것으로 우리나라에 자생하는 것이 아니다. 잘 보면 진달래나무도 종류가 참 많다.

이 글을 읽고 난 후 영산홍을 보게 되면 한 개의 꽃눈에서 몇 개의 꽃봉오리가 생겨나는지(보통 3개) 꽃잎, 수술, 암술은 몇 개인지 헤아려 보는 건 어떨까. 아이들과 꽃술 따서 술싸움을 하면 더욱 좋고. 우리가 애써 키우는 식물들이 거의 모두가 우리 것이 아닌 남의 것이라는 것도 새삼 발견하게 될 터이다.

야생화는 화단에 옮기면 죽는다는 말이 있지만 실제로는 잘 가꾸면(자생하는 환경과 비슷하게 해 주면) 오래 사니 직접 꽃을 심어 키워 보는 것도 재미있을 것이다. 꽃, 나무도 사람의 발소리를 듣고 자란다니 키움에는 어느 것이나 정성이 든다. 아무리 바쁜 세상이라지만 화분에 물 주는 마음의 여유 정도는 있어야 하겠다.

빨간 꽃이 왜 파랗게 물들까

참꽃의 꽃잎은 붉은데 그것을 씹어 보면 시큼하고 입 안이 푸르죽죽해진다. 어느 꽃에나 화청소(花靑素)라는 물질이 들어 있는데 꽃(식물)이 산성이면 붉은색을, 알칼리성이면 푸른색을 띤다. 따라서 참꽃 꽃잎이 붉어 시큼한 맛을 낸 것이고, 침이 약알칼리성이라 색이 그렇게 변한 것이다. 이처럼 꽃색은 그 꽃의 산도(pH)에 달려 있다.

허세 부리지 않는 동백나무

　　동백을 놓고 조촐함이 매화보다 낫다고 극찬한 사람도 있다. 출렁이는 바닷소리 들으며, 와서 보는 이 없어도 고결하게 뽐내며 피는, 빨갛게 물든 동백꽃이 그립다. 겨울 채집을 다니면서 허기진 배를 화밀(花蜜)로 달래던 옛일이 이제는 아스라한 그리움으로 다가온다. 그때 세한(歲寒)의 설중동백(雪中冬栢)은 나에게 인고를 배우게도 해 주었다.

　　동백은 줄기가 딱딱하고 매끄러우며, 윤기 나는 이파리에 빨간 꽃이 달려 있는 게 특징이다. 큰 놈은 키가 18미터나 넘으며 주로 바닷가에 떼 지어 사는데 동해안은 울릉도, 서해안은 대청도가 북방 한계선으로 그 위쪽으로는 살지 못한다.

　　동백의 꽃 소식은 남쪽에서 먼저 들려오며 북쪽 것은 늦게는 4월까지 핀다. 야생종은 모두 홑꽃이다. 부숭부숭 여러 겹으로 피는 동백은 우리 것이 아니며 주로 일본 동백이다. 필자가 울릉도, 제주도에서 씨를 가져다 심은 동백나무는 이제는 나보다 더 커서 화분에서 탐스런 핏빛 꽃을 많이 피우고 있다(대략 7년이면 꽃을 볼 수 있다).

　　동백꽃은 꽃받침이 5장, 꽃잎은 5~17장이다. 암술 하나를 둘러싼 여러 개의 수술은 꽃잎 아래에 같이 붙어 있어 뚜덕뚜덕 꽃잎이 떨어지면 암술만 혼자 남겨 두고 꽃잎과 함께 떨어진다.

동백잎은 염료나 모기향으로 쓰고 재목은 단단하여 악기나 농기구로 만들며 씨(보통 2, 3개)는 기름을 짜서 머리에 바른다. 동백기름은 자연산 기름이라 피부에 해가 없어 좋은데 옛날 여인네들은 동백기름을 바른 후 참빗(섬 사람들은 빗살이 굵고 성근 얼레빗을 썼을 것이다)으로 검은 머리를 빗어 내려 곱게 땋곤 했다.

옛날 바닷가에서는 할머니들이 동백 씨를 주워 대소쿠리에 말리는 것을 어디서나 볼 수 있었다. 동백나무는 꽃잎까지 전을 부쳐 먹으니 예쁨 받아도 마땅하며 여인들의 애잔한 삶의 때가 고스란히 묻어 있다. 어느 채집가의 허기진 배를 달래 주었기에 이 나무를 더욱 잊지 못한다.

사람들의 이야기에는 풀이나 나무에 얽힌 것이 참 많다. 그 가운데에는 우리에게 감동과 즐거움을 주는 게 꽤 있는데 동백나무에 얽힌 이야기 하나를 들어보자. 정말 그럴 듯하다.

일본에도 아랫지방은 따뜻해서 동백이 많은데 그래서인지 동백에 얽힌 사연도 많다. 다음은 아오모리현에 있는 동백산(椿山)에 얽힌 전설이다.

옛날 남국의 청년이 동백산 두메 산골에 살다가 어느 소녀를 알게 되었다. 둘은 사랑의 꽃을 피웠으나 열매를 맺기 직전에 청년은 떠나야만 했다. 그러자 소녀는 떠나는 청년 옷깃을 붙잡고 부탁 하나를 했다.

"당신의 고향에는 동백이 많으니 다음에 오실 때 씨를 갖다 주세요. 그 기름으로 내 머리를 예쁘게 치장해서 당신께 보여 드릴게요."

"그거야 문제없소. 얼마든지 가져다 드리겠소."

청년은 남쪽 나라로 훌쩍 떠났다. 날이 가고 달이 가고 이제나저제나 소녀는 청년을 기다렸으나 감감무소식이었다. 손꼽아 헤아리길 1년이 넘었는데도 청년이 돌아오지 않자 소녀는 지난날의 약속을 가슴에 안은 채 기다리다 지쳐서 숨을 거두고 만다.

얼마의 시간이 지난 후 청년은 이런 사실은 알지도 못한 채 부푼 가슴으로 소녀를 만나려고 달려왔다. 그러나 만남의 꿈은 산산조각 나고 말았다.

청년은 소녀의 무덤 앞에서 미친 듯이 땅을 치며 통곡했으나 이미 소용없는 일이었다. 가신 님은 대답이 없으니 인생무상이라. 청년은 그만 동백씨를 내동댕이치고 훌쩍 떠나 버렸다. 나중에 그 씨앗들에서 싹이 트고 꽃이 피어 온 동산이 빨갛게 물들었다.

여인은 떠나는 님에게 왜 동백씨를 가져다 달라고 했을까. 그건 아마도 돌아오지 않을지도 모르는 정인의 마음을 붙잡기 위해서였으리라. 또 동백기름으로 예쁘게 치장한 자신의 모습도 보여 주고 싶었을 테고. 그러나 순수하고 가슴 뭉클한 그들의 사랑은 낭자 무덤의 동백꽃 속에나 숨어 있을 듯싶다.

여기에 「동백 아가씨」 노랫말을 적어 보니 앞의 전설과 비교해 보자.

헤일 수 없이 수많은 밤을 / 내 가슴 도려내는 아픔에 겨워 / 얼마나 울었던가 동백 아가씨 / 그리움에 지쳐서 울다가 지쳐서 / 꽃잎은 빨갛게 멍이 들었소…….

여기에서 멍든 꽃잎은 분명 동백 꽃잎이 아님을 우리는 다 안다. 긴 이야기를 농축시켜 짧은 노래로 부르니 노래의 흡인력이 여기에 있다.

우리나라 사람들은 꽃이 반쯤 피었을 때를 가장 좋아한다고 한다. 꽃봉오리에는 두려움이 있고, 이미 피어 버린 꽃에는 시듦이 들어 있어서인 듯하다. 그러나 꽃이 진 뒤에는 열매가 맺혀 후세를 기약하니 열매에 더 큰 소중함이 깃들어 있지 않을까.

동백나무의 학명이 카멜리아 야포니카(*Camellia japonica*)인데 속명 카멜리아(*Camellia*)는 둥그스름하다는 뜻이고 종명은 일본산이란 뜻이다. 우리나라 동식물 학명에 야포니카(*japonica*)가 붙어 있는 것을 자주 볼 수 있는데 이는 일본 사람들이 일본에서 먼저 발견해 분류해 놓았다는 얘기다. 필자도 후배들도 눈을 뜨고 일어나 주변을 살펴봐야 할 것이다.

그런데 찬바람이 가시지 않은 봄 문턱에서 동백은 무슨 수로 꽃가루받이를 하여 씨를 만드는 것일까. 그 샛노란 꽃가루를 옮길 벌과 나비가 추위에 나와 있을 리 만무한데 말이다. 그렇다고 바람이 꽃가루를 퍼뜨리는 풍매화(風媒花)도 아니지 않은가. 그러나 어느 생물이나 다 살게 마련이라 이 꽃나무는 새가 꽃가루를 묻혀 주니 조매화(鳥媒花)로 분류된다.

열대지방에서는 벌새 등이 꿀을 빨아먹으며 깃털에 묻은 꽃가루를 다른 꽃에 전하지만 우리나라에서는 아주 드문 일이다. 이렇게 식물들도 어떤 수단을 써서라도 제꽃가루받이(자가수분)를 피하여 근친교배라는 덫에 걸려들지 않으려 한다.

동백은 차나뭇과에 속하고 동백이란 말말고도 동백산다(棟柏山

茶) 등으로도 불리는데 이런 이유로 이 꽃의 가루를 옮겨 주는 새 이름이 동박새다. 동박새를 영어로는 White-eye라 하는데 아마도 눈꺼풀 둘레에 흰 테가 있어서인 듯하다.

이 새는 참새목 동박샛과에 속하고 실제로 크기나 모양이 참새와 많이 닮았다. 그러나 참새와 달리 깃털 앞가슴이 황록색이고 그 아래에 흰털이 나 있으며 꽁지는 레몬색, 옆구리는 포도색에 가깝다. 그리고 나무에 집을 짓는다. 먹이는 거미, 파리, 모기 등 곤충이나 나방의 유충인 송충이도 먹는다. 벌레들이 없는 겨울이나 초봄에는 나무 열매나 동백꽃의 꿀물을 빨아먹고 산다. 그래서 동백과 동박새는 떼려야 뗄 수 없이 같이 진화(평행진화)를 해 왔는데 고상하게 말하면 인연이란 끈으로 묶인 관계다.

바닷가에는 밀물, 썰물 따라 조개를 캐는 아낙네가 있고 뒷산자락에는 따스한 햇살이 쏟아지며 갯마을에는 이 꽃 저 꽃을 번갈아 날며 재빠르게 꿀을 빠는 동박새가 있었다. 여수 오동도의 해장죽(海藏竹)과 어울려 흐드러지게 핀 동백꽃들도 때로는 찬 바닷물을 뒤집어쓰며 찬바람에 가지를 흔들어 댄다. 왜 동박새와 동백나무들은 꼭 그곳에 태어나 살아가는 것일까.

여기서는 동박새도 참새도 새끼에게는 벌레를 잡아먹여 키운다는 사실을 말하고 싶다. 둘 다 곡식이든 벌레든 다 먹는 잡식을 하는 새이나 새끼에겐 언제나 벌레를 잡아다 먹인다. 벌레는 단백질이란 뜻이니 새까지도 그것을 알고 고단백질(지방도 많이 들어 있다) 덩어리인 벌레를 잡아먹는다.

필자는 꽃째 따서 동백 꿀물을 들이마셨는데 동박새가 먹듯이 빨대로 빨아먹어도 되겠다는 생각이 불쑥 떠오른다.

평행진화

누가 뭐래도 동물은 식물에 종속되어 있다. 즉 식물 없이는 동물이 살지 못한다는 말이다. 먹잇감이 근본적으로 식물이기 때문이다. 송충이가 솔잎을 먹는다고, 동식물들은 서로 특수한 관계들을 맺어서 식물이 진화하면 따라서 동물도 변한다. 식물이 공격방어물질을 만들면 동물은 그것을 무력화시키는 새로운 물질을 만드는데 우리 눈에는 보이지 않지만 이들 사이에는 이런 평행진화가 여러 가지로 일어나고 있다.

소리에 들어 있는 생명의 비밀

봄이 온다는 말은 생물들에게는 낮이 길어져서 빛을 받는 일조시간이 길어진다는 뜻이다. 지열이 공기를 데우면 겨우내 숨어 지내던 파리가 날아오르고 통 속의 벌들도 역사를 시작한다. 만물이 생동하는 봄은 정녕 꿈과 희망을 주는 계절이다.

그런데 봄이 오면 저 산자락의 까치, 박새의 지저귐도 또렷해지고 겨우내 집 짓느라 애쓴 까치의 쨍쨍 소리도 달라진다. 저 새들의 뇌의 생식중추도 낮에 햇빛이 비치는 시간이 길어진 것에 자극 받으니 난소와 정소에서 호르몬 분비가 촉진된다는 것이다. '추남춘녀(秋男春女)'라 하여 여자들이 봄빛에 더 예민해서 옛날부터 봄바람은 여자 쪽에서 많이 났다.

새들도 사람과 다르지 않아서 수놈이 '봄타령'을 불러 대는 것은 아직 짝짓기를 못해서 그런 것이다. 짝을 찾고 나면 집짓기 바빠서도 수놈은 노래할 여가가 없다.

새들 역시 닭에서 보듯 노래를 부르는 놈들은 수놈들이고 암놈들은 간단한 대답, 경고 정도의 반응을 하는 재잘거림밖에 못한다. 그래서 옛날에는 암탉이 수탉처럼 울어젖히면 집안이 망한다고 했다.

잘 모를 일이나 역시 닭의 울음은 수컷이 구성지다.

일반적으로 새도 목청이 크고 노래를 잘 부르는 수놈이 암놈을 차지한다. 수놈들의 울음(노래)은 제가 살고 있는 영토(영역)를 알려서 다른 수놈에게 가까이 오지 말라는 경고의 소리고 또 암놈을 유인하는 소리다. 시골 아침, 수탉들이 돌아가며 쉬지 않고 그렇게 고래고래 고함을 치는 원인을 알고 들으면 더 흥미롭다.

동물의 소리가 이와 같이 모두가 상호 의사 전달을 위해 만들어졌다면 아기가 태어날 때의 울음소리 '고고지성(呱呱之聲)'은 어떤 의미일까.

원죄를 사한다는 산고의 진통을 필자가 알 리 없지만 위경련이나 담석증을 경험해 봤으니 그 정도려니 생각해 보나 아마도 그것보다는 더할 것이다.

산모야 그렇다 치고 탄생의 아픔을 맛보는 태아의 고통은 또 얼마나 클까. 필자는 그것도 60여 년 전의 일이라 까맣게 잊고 산다. 몇 시간을 '암흑의 터널'에서 머리가 짓눌린 채 있다가 탯줄이 모체에서 떨어져 산소를 빼앗기는 위기의 순간이 온다. 어둑하고 따뜻한 양수 속에서 세상 모르고 편하게 지내다가 차고 눈부신 분만실에서 태어나는 것은 무척이나 두려운 일이리라.

눈에도 안 보이는 난자와 정자가 수정되어 280여 일에 걸쳐 눈, 코, 입이 다 생기고 3킬로그램이 넘는 무게로 어머니 몸에서 태어나는(분리되는) 이 일이 삼신할머니의 배려와 보살핌 없이 어찌 일어날 수 있겠는가. 그러니 태아가 태어나는 순간은 한마디로 '기적적인 순간'이다.

그런데 알고 보면 태아가 태어날 때의 '스트레스'는 그렇게 두렵고 위험한 일만은 아니다.

여기서는 주로 호르몬과 탄생 관계를 말하겠는데 어머니의 진통이 계속되는 동안 태아의 몸에서는 부신(곁콩팥)에서 아드레날린(adrenaline)과 노르아드레날린(noeradrenaline)이 분비되어(아직 교감신경이 제 기능을 발휘하지 못하지만) 심장, 뇌, 허파와 같이 중요한 기관에는 피를 많이 보내고 살갗이나 창자, 콩팥 등에는 적게 흐르게 하여 탯줄이 태반에서 떨어져 산소를 얻지 못하는 위기의 순간을 넘긴다. 심해에 들어가 수압을 많이 받는 물개나 고래들 몸에서도 이와 똑같은 생리현상이 일어난다.

성인도 육체적으로 위험한 순간에는 호르몬을 많이 분비하여 심장 박동, 호흡을 빨리해 스트레스를 이겨 내는데 이때 이 호르몬을 스트레스호르몬(stress hormone)이라고 한다.

태아가 출생 시에는 특히 부신이 다른 기관에 비해서 커서 핏속의 이 호르몬 농도가 어른보다 5배나 높으나(짙으나) 태어나서 2시간 후면 정상으로 돌아간다. 이 때문에 출산 중인 태아는 단거리선수만큼이나 숨이 차다. 그 말은 피의 흐름이 빠르다는 뜻이다.

또 부신호르몬은 출산 후에 허파(폐) 표면에 있던 물이 빨리 흡수되도록 촉진시킨다. 무슨 말인고 하니 태어난 아이(엄마의 산소와 양분이 끊긴)는 고고지성을 질러 대는데 이것은 춥다거나 눈이 부셔서가 아니라 바람 빠진 풍선 같았던 허파에 공기가 들어가 허파가 쫙 펴졌기 때문이다. 이때 허파꽈리(폐포) 속의 물을 빨리 흡수토록 이 호르몬이 작용한다는 것이다.

그래서 산고 없이 태어난, 제왕절개로 출산한 아이들은 호르몬 농도의 증가를 경험하지 못해 폐포의 물 흡수 속도가 느리다. 의사들도 지금의 '임금 낳기 수술'은 그 반으로 줄여도 된다니 웬만하면 자연분만을 해야 한다. 산고란 자식과 어머니 사이의 끈을 돈독히 하니 말이다.

적당한 스트레스는 삶의 활력소

두려우면 자기 방어 반응을 보이는데 이때 어떤 생리적인 변화가 일어날까. 두려움이란 일종의 스트레스로 두 살 전에 심한 공포증을 느끼면 커서 자신감이 없고 소극적이며 소외감을 잘 느끼는 사람이 되고 이로 인해 육체적으로도 병약해진다고 한다.

오래 스트레스를 받으면 스트레스호르몬인 코르티솔(cortisol)이 지나치게 분비되어 부신피질 자체가 부어오르는 것은 물론이고 위궤양, 심장병, 알레르기도 나타난다. 보통 말하는 신경성 질병이 스트레스에서 비롯된다.

사람은 생후 12개월 즈음 다른 사람을 만나면 경계하고 공포증을 느끼는데 이때 스트레스호르몬이 많이 분비되어 방어 자세를 나타낸다. 심한 공포증에 시달리는 부모 밑에서 자란 아이도 유사한 증상을 보인다.

붉은털원숭이 새끼를 대상으로 재미있는 실험을 했다. 생후 2개월 된 놈을 어미한테서 10분간 떼 내어 작은 우리에 집어넣고 세 가지 실험을 했다. 첫째, 우리에 있는 새끼 원숭이를 멀리서 관찰하고 둘째, 우리 앞에서 쳐다보지는 않고 가만히 사람이 서 있기만 해 보고, 마지막으로 우리 앞에서 새끼 원숭이를 뚫어지게 응시해 봤다. 첫 번째의 경우는 사방으로 활발하게 움직이며 "쿠우쿠우-" 어미 찾는 소리를 냈고, 두 번째의 경우는(사람이 잡아먹으러 온 것으로 생각해서) 가만히 웅크린 채 숨어 있었고, 세 번째는 우리 창살을 흔들면서 사납게 소리치고 이를 드러내 보이는 공격적인 태도를 보였다. 두려움에 대한 보호(방어) 행위를 모두 다르게 표시하였음을 알 수 있다.

여기서 세 번째는 사람이 노려보는 것을 공격으로 받아들여서 사나워졌다는 것인데 일부 동물들이 눈말고도 눈과 비슷한 기능을 하는 무늬들을 가지고 있는 것도 이 때문이다. 물고기는 꼬리 쪽에 눈점을 가진 것이 많고 나비나 나방은 날개에 있어서 몸통이 다치는 것을 막는다. 조금 더 보태 설명하면 동물들이 눈점을 갖는 이유는 어느 동물이나 눈을 제일 먼저 공격하기 때문이다.

인도 어느 지방에서는 아직도 호랑이가 많아서 들판에서 일하는 사람들이 호랑이의 공격을 예방하기 위해 머리 뒤쪽에 사람의 가면을 둘러쓴다고 한다. 눈이란 무서운 공격성을 가지고 있어서 사람들도 직접 뚫어지게 보는 건 꺼린다.

두려움을 느끼는 데는 대뇌피질부와 그 아래에 있는 대뇌부인 변연계부, 시상하부가 관여한다. 대뇌피질부가 이성적이고 지적인 상황 판단에 관여한다면, 하등한 부위인 변연계부에서는 감정적인 동물성을 나타낸다. 그리고 시상하부라는 곳에서는 부신피질에서 코르티솔이 분비되도록 명령을 내려 두려움이란 스트레스와 싸우게 한다. 한마디로 뇌와 호르몬이 공포와 대적하는 것이다.

사람의 경우는 단백질이 몸의 생리 기능을 도맡으며 스트레스를 이기게끔도 한다. 스트레스란 긴장하며 산다는 막연한 의미말고도 술, 담배를 많이 먹고 피우는 것에서 시작하여 병원균이 침입하는 것, 암에 걸리는 것, 내분비 이상 등으로 늙어 가는 것까지 모두 포함한다.

그런데 스트레스를 받으면 우리 몸(세포)은 그것에 대한 저항력을 발휘하니 그 주성분이 '스트레스 단백질(stress protein)'이다. 이것은 스트레스를 받을수록 많이 생겨난다.

예를 들어 초파리에 열을 가하면 그것이 충격이 되어 그 열에 저항하는 단백질이 생성된다. 그 단백질을 '열충격 단백질(heat-shock protein)'이라 하는데 줄여서 'HSP 70'이라 한다. 처음 뜨거운 물에 들어가기는 어려우나 조금씩 발을 담그면 물에 들어갈 수 있다. 그동안에 이 HSP 70이라는 단백질이 생겼기 때문이다.

사람이 스트레스를 계속 받으면 병이 생기는데 이것은 세포 속의 단백질이 제 모양을 잃고 풀어져 버리는 것을 말한다. 그때는 HSP 70, HSP 10, HSP 60과 같은 스트레스 단백질이 많이 생겨 풀어진 단백질을 다시 제 모양으로 감아 준다.

이 스트레스 단백질이 없거나 적으면 단백질들이 풀어져서 병이 나고 심하면 생명을 잃는다. 단백질을 수선하고 새로 만드는 것이 사람마다 달라서 스스로 고무줄로 옭아매는, 내성적이고 미주알고 주알 따지는 성격의 사람은 이 좋은 단백질이 만들어지지 않는다. 그래서 면역성이 떨어져 암에도 잘 걸린다니 단백질이 천당, 극락으로 가는 열쇠를 쥐고 있는 셈이다.

알고 보면 우리의 삶에서 스트레스란 필요한 것이다. 평소에 적당한 스트레스를 받으면 스트레스를 이기는 단백질이 만들어지기 때문이다. 고무줄이 당겨졌다 늘어났다 하면서 탄력성을 유지하듯이, 우리 몸도 적당히 당겨지는 것이 몸에 이롭다. 스트레스 단백질이라는 묘약이 만들어지기에 그렇다.

늙으면 방바닥이 더 미끄럽다

　　온몸이 새까만 흑인들도 손바닥, 발바닥은 흰데 그 자리에만 멜라노사이트(melanocyte)라는 색소세포가 생기지 않았기 때문이다. 그곳에만 강한 햇빛이 비치지 않아서 그렇다고 본다.

　　사실 사람들은 발(바닥)을 혹사시키고 있다. 옛날 버선도 그랬지만 양말이나 스타킹은 발을 졸라매고 게다가 가죽신발은 발을 꽉 죄어 피돌기를 훼방한다. 특히 여성들의 굽 높은 신발은 발가락을 눌러 새끼발가락이 숫제 제 모습을 잃을 정도다.

　　발바닥의 티눈은 왜 생겨날까. 우리의 몸은 한곳이 계속 눌리면 조직을 방어하기 위해서 그곳에 굳은 조직을 만들어 내는데 그것이 티눈이다. 그런 자극만 없애 주면 티눈은 저절로 사라진다. 약으로 핵을 뽑겠다고 발버둥칠 게 아니라 원인을 제거해 주는 것이 옳다.

　　그런데 조직이나 기관은 사용할수록 발달하는 것이라 발레를 하는 사람들은 사슴처럼 발끝으로 체중을 지탱하는데 거기에는 엄청난 연습이 뒤따른다. 개 다리를 잘 관찰해 보면 그놈들은 발가락으로 걷는다. 묘하게도 사람의 팔다리는 크게 3마디로 되어 있으나 개는 4마디가 아닌가. 우리의 손가락, 발가락이 개들에겐 발이다.

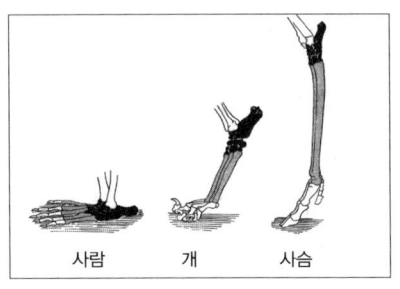

사람, 개, 사슴의 발 모양.

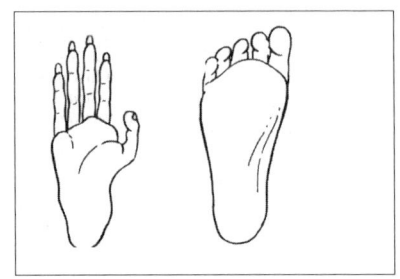

원숭이(왼쪽)와 사람(오른쪽)의 발 모양.

늙으면 발바닥에 땀이 나지 않으니 방바닥이 미끄럽고 발바닥이 메마른 논바닥처럼 쩍쩍 갈라진다. 발바닥에는 한 사람 역사인 나이테가 박혀 있다.

우리 몸뚱이에서 가장 힘들게 고생하는 부위가 어딘가를 한번 생각해 보는 마음의 여유도 없이 쏜살같이 뛰어야 하는 것이 현대인의 삶이다. 말 그대로 눈코 뜰 새가 없다.

인간이 네 다리로 길 때는 무게가 분산되어 앞뒷발에 골고루 힘이 나뉘었으나 두 다리로 서면서 무게가 두 발바닥에 모였다. 곰 발바닥(특히 왼쪽 앞다리 발바닥)도 맛있다는데 식인종의 입에도 사람 발바닥이 일품일까? 사실 동물의 몸(조직)에서는 운동을 많이 한 곳일수록 맛이 난다.

어쨌거나 고마워하고 존경해야 할 발인데도 발은 구부려도 쉽게 볼 수 없는 데다 양말, 신발에 배인 땀 냄새로 자기 코도 외면하는 곳이다. 사실 발바닥은 무게 지탱은 물론이고 무논, 진구렁탕에서 뒷간까지 제일 먼저 더러움을 무릅쓰고 들어가는 우리 몸의 부위다. 한평생 1,000만 번 이상 땅에 부딪히는 걸음을 걸어야 하니 발바닥은 딱딱한 군살에 티눈까지 몸살을 앓는다. 많이 걷는 사람들이 장수한다는 통계에 뛰고 걷기를 권하는데 그럴수록 발바닥은 고되다. 마라토너 황영조 선수는 몇 번의 발 수술을 했는가. 발바닥이 혹사를 당해 마라토너로서의 길을 중도에 포기한 것이다. 발바닥으로 먹고사는 사람들이 그들 아닌가.

남자가 발이 크면 음경이 크고 여자가 발이 작으면 질이 작다는 헛소문도 참으로 통하는 경우가 있고 여자 신발을 여성 성기의 상징물로 보아 여자 신발에 술을 부어 마시는 게 한때 유행하기도 했다. 예닐곱 살이면 엄지발가락만 빼고 네 발가락을 피륙으로 묶어 발이 크지 못하게 하는 전족이 당나라 때 생겨났는데(청나라 때부터 금지했다) 그 여인들은 일도, 걷지도 못하는 앉은뱅이가 되어 남성의 노리갯감이 되었다.

옛날 옛날에는 신발 없이(지금도 더운 지방에서는 그렇다) 맨발로 다녔는데 이것이 발자국 냄새를 남겨 사람들이 지나간 신호가 되기도 했으나(며칠간 냄새가 죽지 않고 살아 있다) 지금은 발이 신발이라는 감옥에 갇혀 분비된 땀과 섞인 지방산이 썩어 퀴퀴한 냄새를 낸다. 그 냄새가 사람마다 다르고 늙으면 땀도 잘 나지 않으니 발바닥의 땀도 흐를 때가 좋다.

손바닥에 지문이 있듯이 족문(足紋)도 있어 아이를 낳으면 그것을 찍어 둔다. 손발가락의 무늬인 이것들이 원래는 미끄럼을 방지하는 것이 목적인데 지금은 사람 구별에 쓰인다.

사람은 태어날 때는 발바닥 전체가 평평한 평발이나 서고 걷기를 반복하면서 발바닥(족장) 중앙이 움푹 들어간다. 다른 말로는 발바닥이 아치 모양이 된다고 하는데 이것이 구름다리처럼 힘(체중)을 분산시킨다. 그런데 평발인 사람은 힘이 발바닥의 중앙으로 모여 먼 거리를 오래 걷지 못해 군대에도 가지 않는다. 동물은 다리가 4개여서 다리 하나가 4분의 1씩을 맡으나 사람은 직립하게 되면서 다리 하나가 2분의 1을 감당해야 하니 발바닥만 죽을 맛이다.

굽 높은 신발을 신은 여성들을 잘 보면 체중이 앞으로 쏠려 주로 발가락으로 걷는다. 그래서 필자는 그네들의 걸음을 '개걸음'이라고 비꼰다. 앞에서도 언급했지만 실제로 개다리를 만져 보면 사람보다 뼈마디가 하나 더 많아서 발바닥은 마디가 되고 발바닥(손바닥)이 아닌 발가락(손가락)으로 걷는다.

하기야 사람 중에도 발끝으로 걷고 뛰는 이가 있는데 이는 소나 말, 돼지, 염소 같은 발굽동물과 다름없으니 이들이 '백조의 호수'를 춤추는 발레리나가 아닌가. 이것이 사람이 동물의 흉내를 내는 것인지 아니면 네 다리로 기어다닐 때의 향수를 달래기 위함인지는 잘 모르겠다.

천천히 발을 떼어 놓으면서 발바닥이 어떻게(어떤 순서로) 땅바닥에 닿았다가 떨어지는지를 알아보자. 누구나 발바닥이 부르터지도록 바쁘게 살아가지만 그 발바닥의 고마움 따위는 아랑곳하지 않고 막무가내로 살아간다. 아무튼 두 발이 교대로 땅바닥을 차고 솟아오를 때 한 발만 보면 제일 먼저 뒤축이 닿은 후 앞으로 힘이 쏠린 다음 발가락에 힘을 줘서 뛰어오른다. 팔(앞다리)과 다리(뒷다리)가 엇갈려 움직이는 것도 다 알고 있는데 여기서 발가락이 멋(모양)으로 나 있지 않다는 사실도 새삼 느낄 것이다. 이는 발가락 하나를 크게 다쳐 보면 단번에 알 수 있다.

인간은 비록 다른 영장류와는 달리 엄지발가락 끝과 다른 발가락 끝이 서로 맞닿아 물건을 발가락으로 잡지는 못하지만 손으로는 할 수 있다. 그러나 발가락 연습을 계속하면 물건을 잡아 다룰 수 있으니 어떤 사람은 발가락으로 그림까지 그린다. 사람처럼 다른 동물들도 손발가락이 모두 5개인 점이 재미있다.

소리를 듣는 마음의 통로

　　세상살이가 하도 복잡하여 한칼로 잘라 내어 이거다 저거다 하기가 어려울 때가 많으니 그때 잘 쓰는 말이 '귀에 걸면 귀걸이 코에 걸면 코걸이'다. 이 속담의 뿌리를 들여다보면 그 옛날에도 귀걸이가 있었음을 알 수 있고, 인간은 언제 어디서나 아름다움을 좇아 멋을 내었다는 사실도 느끼게 된다. 지금도 다름없이 귓불에 구멍을 뚫어 조랑조랑 고리를 달아 아름답게 보이려 노력한다.

　귀(겉귀)의 생김새를 보면 위쪽을 귓바퀴, 그 아래 보드라운 살점을 귓불이라 한다. 귓바퀴는 탄력이 있는 물렁뼈(연골)여서 형태가 바뀔 수 있고 혈관의 분포가 적어 신경도 예민하지 못하고 피하지방도 거의 없다. 귓불도 마찬가지라서 뚫어도 피가 덜 나고 아픈 정도도 다른 것에 비하면 훨씬 덜하다.

　뜨거운 물건에 손이 닿았을 때 반사적으로 찬 귓불을 잡는데 귀는 앞서 말한 것처럼 다른 조직이나 기관보다 혈액순환이 덜 일어나 항상 체온보다 낮기 때문이다. 겨울 추위에 귀 부분이 동상에 잘 걸리는 것도 이런 이유에서다.

　겉귀가 물렁뼈로 되어 있다는 것도 조물주의 큰 배려라는 것을 우리는 잘 모르고 있다. 흔히 생일을 '귀 빠진 날'이라고 하는데 아마도 머리 빠진 날(머리가 먼저 나오니까)이라는 말보다는 물렁뼈로 된 귀여운 귀가 애써 빠져 나왔다는 뜻이 더 좋아 그렇게 된 것이 아닌가 싶다.

그런데 만약 귀가 딱딱한 뼈(경골)였다면 어땠겠는가. 산모의 자궁을 빠져 나올 때 벽에 닿아 엄마도 아팠겠으며 잘못하다 태아의 귀도 다칠 뻔했다. 그러나 사실 그게 문제가 아니다. 격렬하게 몸싸움을 하는 레슬링선수들의 귀를 보면 뭉그러져 있는데 만일에 귓바퀴가 경골이었다면 귓바퀴가 남아 있는 사람이 하나도 없을 것이다. 참 다행스런 일이다.

나이가 들면 누구나 시력이 떨어지고 귀도 어두워진다. 눈도 귀도 같이 늙는다는 뜻인데 한쪽 귀가 잘 들리지 않는 사람들은 귀담아들어야 할 말에는 손바닥을 오므려 귀를 싸서 듣는다. 여기서 우리는 이 귓바퀴가 소리를 모으는 일을 한다는 사실을 알 수 있다.

개나 다른 짐승들은 소리를 모아 받기 위해 부지런히 귀를 움직인다. 그러나 사람은 두 다리로 일어서서 다니게 되면서 눈으로 먼곳을 보다 보니 눈을 주로 쓰고 귀를 쓰지 않아 귀 움직임이 퇴화되고 말았다. 물론 동이근(動耳筋)이 아직 남아 있어 조금씩 귀가 움직이는 사람도 있긴 하다.

그런데 이 귓바퀴를 놓고 때와 곳에 따라 평가가 다르다. 우리는 귓바퀴가 크고 길며 아래 귓불이 축 처진 귀를 '복귀', '부처님 귀'라하여 좋게 해석하는 반면 서양 사람들은 당나귀의 큰 귀에 비유하여 '바보 귀'로 평하고 오히려 왜소한 귀를 복귀로 친다. 그래서 프랑스 사람들은 아이의 귀에 테이프를 붙여 귀를 뒤로 뻗게 한다고

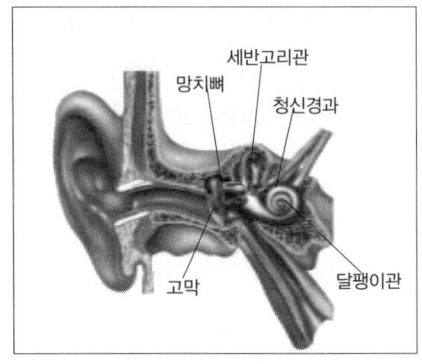
사람의 귀 구조.

들었다. 작고 뒤로 젖혀진 귀를 맵시 있다고 본다니 세상 사람 생각이 다 다르다.

참 이상스럽고 재미있는 일은 아무리 거리가 멀고 소란스러워도 누구나 제 이름 부르는 소리는 잘 듣는다는 것이다. 누가 뭐래도 가장 많이 들은 소리가 자기 이름이 아니겠는가. 마음에 없으면 보이지 않듯이 관심을 갖지 않으면 들리지 않는 것인데도 그 많은 음파 중에서 자기를 부르는 소리는 잘도 골라 듣는 것은 반복하여 들으면 귀에 익기 때문이다.

그런데 방송을 해 보면 녹음된 자기 목소리에 아연 놀라게 된다. '아니 저건 내 음성이 아닌데…….. 내 소리가 저래?' 하고 의심을 품는데 그건 왜 그럴까. 개는 소리를 귀로 듣지만 턱으로도 듣는다. 녹음된 소리는 단지 성대의 떨림에서 나온 것이고, 자기가 들을 때는 성대의 진동 소리말고도 그 진동이 턱을 울려 그것이 자기 귀에 들리는, 다시 말해서 성대와 턱의 진동이 합친 소리를 듣기에 소리가 달리 들린다. 한마디로 다른 사람은 바로 녹음된 소리를 듣는 것이고 자기는 그것과 다른 소리를 듣고 살아가는 것이다.

귀 이야기가 귓바퀴 둘레만 뱅글뱅글 돌다 말았다. 다음에는 귓속으로 들어가 보자.

귀는 소리를 듣는 일만 하지 않는다. 속귀에는 회전 감각을 느끼는 세반고리관과 위치 감각을 느끼는 전정기관이 있고 청각을 감지하는 마지막 관문 역할을 하는 달팽이관이 귀 끝에 있다. 몇 바퀴 돌고 나면 바로 서지 못하고 돌던 방향으로 쓰러지는데 세반고리관 속의 림프액이 관성으로 계속 돌아가서 그렇다. 또 물구나무를 서면 어지럽고 바로 서려고 몸을 비틀게 되니 이것은 전정기관 때문이다.

고양이를 높은 곳에서 빙그르르 돌려 떨어뜨리면 온몸의 근육을 비틀어 네 다리로 사뿐히 내려앉는 것을 본다. 이것은 세반고리관과 전정기관의 중추인 소뇌반사의 역할 때문인데 체조선수들은 반복되는 연습으로 이들 기관을 단련하여 구르고 비틀고 뒤집고를 자유자재로 한다.

알고 보면 귀는 듣는 기능말고도 몸의 방향과 위치를 바로잡는 중요한 역할을 담당한다. 아무튼 마음에 없으면 소리가 있어도 들리지 않고 물체가 있어도 보이질 않는 법이다. 심이(心耳), 심안(心眼)이 그래서 중요하다.

때론 귀도 쉬고 싶다

우리들은 조상들이 살던 환경하고는 비교가 되지 않을 만큼 시끄러운 세상에서 살고 있다. 그런데 너무 시끄러운 소리에 오랫동안 노출되어 있으면 현기증과 구토를 느끼기도 한다. 음량은 데시벨(decibel)로 측정하는데 속삭임은 20데시벨, 일반 대화는 약 60데시벨, 공장의 고통스러운 소음은 100데시벨이며, 디스코홀의 소음은 곧잘 100데시벨 수준을 넘어선다. 귀 가까이에서 쏜 총소리는 160데시벨 가량이다. 우리의 귀는 아주 큰 소리에 잠시 노출되어도 일시적인 귀머거리현상이 일어날 수 있고, 장시간 노출되어 있을 때에는 집중력이 떨어져 그만큼 청력도 떨어진다.

피톨에는 '남녀평등'이 없다

맥고 밑으로 먼지에 누우래진 머리가 구실구실 늘어져서 얼굴을 반쯤 가리웠다. 아무리 내외지간이나마 몰라보게 되었다. 어린 것들이 알아본 것이 용하다 하였다. 피가 켕긴다는 말이 옳다고 생각하였다.

전영택의 「후회」의 한 토막인데 세월의 풍화작용으로 꼴이 모를 만큼 바뀌었으나 핏줄은 무서운 것이어서 자식들은 피가 켕겨서 단방에 알아보더라는 것이다. 피 이야기를 하자는 것인데, 혈족끼리 피 터지는 싸움을 할 때 "피를 피로 씻는다." 하고 혈육(골육)의 관계일 때 "피를 나눈 사이"라고 한다.

여기서 말하는 피는 요샛말로 유전인자고 더 들어가면 DNA 비슷한 의미다. 어쨌거나 피는 '붉다'는 상징적인 의미를 가지고 있는데 붉음은 곧 붉은피톨(적혈구)이 내는 것이다. 여기서 조금 더 파 보면 붉은피톨 속에 든 헤모글로빈의 헴(heme)에 자리한 철이 산화된 색깔이 피색이다. 붉은 피가 아닌 붉은 산화철이라 하니 어쩐지 멋대가리가 없지만 사실이다.

붉은피톨은 허파로 들어온 산소를 세포 하나하나에 운반하는 용

달차로, 몇 분만 이 차가 오지 않으면 사람은 질식하고 만다. 이것은 큰 뼈인 척추, 늑골(갈비뼈), 흉골(가슴뼈), 두개골, 장골(허벅지뼈)에서 만들어져서 넉 달을 살고는 간이나 지라라는 화장터에서 잿가루가 된다. 분해될 때 나오는 철분은 다시 적혈구를 만드는 데 쓰인다.

피 한 방울에는 적혈구가 몇 개나 들어 있을까. 핏방울 크기에 따라 다르겠지만, 남자는 1세제곱밀리미터에 약 500만 개, 여자는 450만 개가 들어 있다. 이것은 적혈구가 눈에 안 보이게 작다는 것인데 도넛 모양인 적혈구는 지름이 7, 8마이크로미터, 두께는 1, 2마이크로미터로 정말로 작다.

그렇다면 백혈구는 무엇인가. 적혈구는 속에 든 철이 산화된 상태라 붉은색을 띠나 백혈구는 적혈구에 비해 특별한 색이 없기에 그리 이름을 붙인 것이다. 여기서는 구체적으로 논하지 않겠지만 백혈구에도 여러 가지가 있다. 이것들의 공통된 특징은 세균이나 바이러스로부터 몸을 보호하는 경비병 역할을 한다는 것이다. 적혈구가 주로 산소를 운반하는 데 반해 백혈구가 하는 일은 엉뚱하리만치 다르다.

백혈구는 적혈구와 달리 속에 핵이 있고 크기도 적혈구의 2배(8~15마이크로미터)나 되는데 특히 대식세포(大食細胞) 같은 것은 보통 백혈구 크기의 2, 3배가 되어 그것이 한번 지나가면 세균들이 전멸하다시피 한다. 백혈구는 보통 때는 림프샘 등에 있다가 상처가 나거나 염증이 생기면 상처 부위로 비상 출동한다. 몸 안에 비상벨이 달려 있어서 적이 떴다 하면 달려오도록 장치가 되어 있는 것이다.

백혈구는 세균을 만나면 몸(여기서 몸이라고 했지만 백혈구는 작은 하나의 단세포임을 잊지 말자)의 일부를 세균에 쑥 집어넣은 후 다른 양쪽에서 둘러싸서 자기 안으로 세균을 집어넣고는 탱크(리소좀) 속의 분해효소를 들이부어 소화시키는데 이것을 '백혈구의 식균(食菌)'이라 한다. 그러다가 백혈구 자신도 죽어 산화하니 이것이 바로 고름이다.

우리 몸은 겹겹이 세균 침입에 대비하고 있지만(살갗, 땀, 침, 콧물, 눈물, 소화액 등) 최후의 보루가 바로 백혈구의 식균 작용이다. 몸에 항체를 만들어 뒀다가 다시 같은 세균이 침입하면 단방에 알아차리고 균을 죽이거나 무력화시키는 면역 반응도 바로 이 백혈구들의 몫이다.

백혈구는 적혈구같이 골수에서 만들어져서 간과 지라에서 파괴되어 죽는데 어떤 것은 처참하게 싸우다 몇 시간 만에 죽기도 하지만 몇 개월을 사는 것도 있다. 어떤 것이나 부족해도 탈, 넘쳐도 탈이라 AIDS(에이즈) 바이러스가 백혈구의 일종인 T세포를 파괴하면 그것이 부족해져서 면역 기능이 약해지는 것이 전자라면, 어떤 원인으로 골수나 림프샘에서 미성숙 백혈구가 너무 많이 생겨 발병하는 백혈병(골수암의 원인이다)은 후자다.

에이즈나 암보다 교통사고로 죽는 것이 더 문제다. 병에 걸려 죽는 것은 명이라 하지만 교통사고로 죽는 것은 절대로 인명이 아니다. 1년 동안에 평균 132명 중 1명이 교통사고로 죽거나 다친다니 말이다.

세포들의 자살

사람 몸도 늙은 세포는 죽고 새로운 것이 생겨나는데 80일이 지나면 내 몸의 반은 새 세포로 대치된다니 이렇게 세월이 가면 새 사람이 되겠다.

사실 우리 몸의 세포는 '불멸의 세포'인 신경세포(뉴런)와 근세포를 제외하고는 대부분이 재생된다. 신경은 한번 만들어지면 새로 만들어지지는 못하고 죽기만 하니(뇌의 경우 나이 40살이 넘으면 보통 하루에 10만여 개의 세포가 죽는다) 그래서 늙으면 치매도 생긴다. 운동을 하면 근육이 굵어지고 커져 '알통'이 생기는데 그것은 근세포의 수가 증가하는 것이 아니고 세포 하나하나가 굵어졌을 뿐이다. 그래서 운동을 하지 않으면 알통이 다시 작아지고 만다. 체중이 늘어나는 것도 보통 지방세포에 물이나 지방이 많이 들어가 부푼 것이지 절대로 세포 수가 많아지는 것이 아니다.

본론으로 들어가서, 별것 아닌 것으로 지나치기 쉬운 세포의 '자살' 현상을 보자. 1초에 240만 개의 적혈구가 간이나 지라에서 파괴되고 때라는 이름으로 온몸에서 죽은 세포가 벗겨져 나가며 장상피(腸上皮)의 시체가 상당량(33퍼센트)의 대변으로 빠져 나간다. 소장벽의 융모세포는 3, 4일 지나면 죽어 버리니 얼마나 신진대사가 빠른지 알 수 있다. 그뿐만 아니라 28일마다 반복되는(임신하지 않았을 때) 여성 생리 때 헐리는 자궁벽의 세포는 또 얼마인가. 특이한 곳은 사람 눈의 렌즈를 구성하는 세포인데 이것은 죽어 없어지는 대신 투명한 단백질 결정체로 대치된다.

자궁에서 태아가 발생할 때 손발가락 사이에 있던 막이 없어지는 것도 세포 자살의 일종이다. 이런 현상이 없었다면 아마도 우리는 태어나서도 손가락이 막으로 붙어 있는 합지증(合指症) 증세를 보일 뻔하였다. 그래서 옛 어른들은 산모에게 오리알을 못 먹게 했다.

올챙이가 개구리로 변태하면서 꼬리가 없어지는 것도 세포가 모두 녹아 몸으로 흡수된 결과인데 이런 적절한 세포 자살이 없었더라면 개구리도 꼬리를 항상 달고 다닐 뻔했다.

어느 시기가 되면 세포는 여러 원인으로 일단 핵이 쪼그라들고 핵의 염색질이 힘을 잃고 퍼지면서 생기를 잃는데 그럴 때면(어떤 신호를 어떻게 받는지 모르지만) 백혈구가 귀신같이 알아차리고 달려와 먹어서(식균 작용) 청소를 한다. 상처가 나면 염증 난 세포나 적혈구를 백혈구들이 먹어 치워 상처가 낫는데 이때 백혈구도 상처를 입어 죽으니 이것도 일종의 세포 자살 행위다.

만일 세포가 자살 능력을 잃으면 어떤 일이 벌어질까. 예로 바이러스가 산 세포에 들어가면 그 세포에서 제게 필요한 단백질만 제외하고는 단백질 합성을 차단하여 숙주 세포를 죽지 않게 한다. 숙주가 죽으면 저도 죽는다는 사실을 이 바이러스도 안다니 참 신기하다.

암세포도 자살 능력을 잃은 세포라 하면 의아스러울지 모르나 사실이다. 보통 세포는 다른 세포에 둘러싸이면 세포분열을 정지하는 데 일종의 '미친 세포'인 암세포는 그것을 알아차리지 못하고 세포의 자살 능력을 증진시키는 단백질인 P_{53}도 만들지 못한다. 암세포가 P_{53} 단백질을 만드는 유전자를 비활성화시켜 버리기 때문이다. 근래 우리나라에서도 암 정복의 한 수단으로 P_{53} 인자 조작법을 동원하는 이유가 여기에 있는데 결국 암세포의 자살을 유도하자는 것이다.

세포 자살이 너무 심하게 일어나는 병이 류머티스라면, 안 일어나는 것이 암이다. 그런데 사람 몸에는 또 다른 '자살' 행위가 일어나니 그것이 면역현상이다.

그러면 면역이란 무엇인가. 사람이 장미 가시에 찔렸다고 가정해 보자. 제일 먼저 세균이 침입한 것을 알고 달려오는 것은 백혈구 중에서도 거대세포인데 이것이 세균을 삼켜서 죽이는 것은 물론이고 특수 단백질을 분비하여 면역계에 위험하다는 신호를 보낸다. 몸에 비상이 걸렸음을 알리는 것이다.

몸의 곳곳에 주둔하고 있는 임파선(림프샘) 부대에서 B세포와 T세포(둘 다 백혈구의 일종이다)가 출동하는데 B세포는 며칠에 걸쳐 항체를 만들고 이 항체는(주성분은 단백질이다) 혈관 속의 세균이나 바이러스와 결합하여 그것들을 죽이고 무력화시킨다. T세포는 직접 항체를 만들지는 않지만 항원을 알아내고 죽이는 것은 물론이고 B세포가 항체를 만들게 도와 준다. 조직이식을 했을 때 제 몸의 것과 다른 조직이 들어오면 조직을 죽이는 거부 반응을 일으키거나 암과 같은 종양조직을 공격하기도 한다.

면역 활동에서 중요한 역할을 담당하는 림프구에는 그 기원과 기능이 서로 다른 2개의 그룹이 존재한다. 골수의 간세포(幹細胞)가 림프구로 분화하는 경우는 다음 두 가지다. 흉선(胸腺)의 상피세포에서 특수한 내부 환경과 흉선의 액성인자(液性因子)에 의해 림프구로 분화되는 경우와 흉선과 관계없이 골수에서만 림프구로 분화되는 경우다. 이 양자는 여러 점에서 이질적이므로 전자를 흉선에서 유래하는 림프구, 즉 T세포라 하고, 후자를 골수에서 유래하는 림프구, 즉 B세포라고 한다.

주사형 전자현미경으로 양자를 형태학적으로 관찰하면 T세포의 표면은 비교적 평평하고 매끄럽게 보이는 데 비하여 B세포의 표면에는 돌기가 많이 나 있다. 또 투과형 전자현미경으로 관찰하면 T세포에는 집합성 농밀체(濃密體)가 있고, B세포에는 산재성 농밀체가 있다. 기능 면에서 보면 B세포는 항체 글로불린의 생성에 관여하고, T세포는 B세포에 면역 정보를 제공하여 항체 생성을 돕는 등 세포의 면역에 주된 역할을 한다.

T세포는 림프절 방피질부(旁皮質部)와 지라의 중심 동맥 주위에 분포하는데, 이 부위를 '흉선의존영역'이라고 한다. 한편 B세포는 림프절의 피질과 림프 난포(卵胞)에만 분포한다.

T세포는 물리화학적 성상(性狀) 및 항원과 수용체의 조합에 의해서 다음과 같이 표현형을 달리하는 아집단(亞集團)으로 분류된다. 즉 보조, 증폭, 장애, 억제 등과 같은 것들이다. 이들 아집단은 면역 세포간의 공동 작업에서 제각기 기능을 분담하고 있다. B세포는 비장(지라)에서, T세포는 가슴샘(흉선)에서 만들어진다. 이렇게 두 세포는 만들어지는 장소와 맡은 역할이 조금 다르지만 면역 기능만은 언제나 힘을 합쳐서 한다.

어린아이들에게 여러 가지 예방 주사를 접종하는데 그 이유는 각
각의 병원균(항원)을 약하게 넣어 주사하면 몸에서는 비상계엄령이
선포되어 B, T세포가 합동작전으로 각각의 항체를 만드니 다음에
실제로 병원균이 침입하면 다 기억했다가 빠르고 강력하게 대응할
수 있기 때문이다. 즉 이들 항체가 일종의 자살 행위로 몸을 던져
병원균을 죽이니 이것이 면역의 원리다.

흐르는 물은 썩지 않듯이 우리 몸의 세포들은 죽어 나가고 새로
생기기를 지금도 반복하고 있다.

P₅₃ 단백질

1개의 유전자는 한 분자의 단백질을 만들도록 되어 있는데 이 유전자
는 생물의 형질을 결정하는 원초적인 초능력을 갖고 있다. 정상세포와
암세포의 성질이 다른 것도 유전인자가 달라서인데 암세포는 P_{53}이라
고 이름 붙인 단백질을 만들지 않아서 죽지 않고 수천 번이나(보통 세포
는 50~70번) 분열을 계속하는 특징이 있다.

소리와 맛을 조절하는 명기

　　예로부터 썩 아름다운 절세미인의 용모 중 하나로 붉은 입술에 하얀 이를 쳤으니 이를 단순호치(丹脣皓齒) 또는 주순호치(朱脣皓齒)라 했다. 요즈음도 늙은이든 젊은이든 간에 여인네들은 더 아름답게 보이려고 입시울에 붉은색, 검은색, 보라색 연지를 바른다. 여전히 입술은 여인들의 미추를 결정하는 기준이다.

　거울 앞에 서서 입술을 뒤집어 보라. 아마도 어떤 독자는 깜짝 놀랄 것이다. 왜냐하면 입술이 입 안의 살색과 같기 때문이다. 이것은 입술이 바깥으로 밀려나온 살임을 말해 준다. 사람에 따라서는 적게 밀려나와 입술이 얇은 이가 있는가 하면 흑인들처럼 두툼하게 밀려나온 이도 있다. 어쨌든 입술과 입 안의 살색이 같은 것은 그 발생 근원이 같기 때문이다.

　6개월 된 외손자 놈이 입아귀에 침을 머금고 가끔은 혀를 쏙 내밀면서 "엄마!"를 옹알거리는 모습이 나의 혼을 몽땅 빼앗는다. 얼굴 중간에 놓인(자라면 훨씬 위쪽으로 올라간다) 녀석의 해맑은 눈 굴림에, 또 콧소리 섞인 옹알거림에 홀딱 빠진다.

　이때 "엄마!"는 어디서 나온 소린가. 입술이 닫혔다 열리면서 내는 소리, 바로 순음(脣音)이다. 이처럼 입술은 인간의 언어 발달에 제일 먼저 관여하는 곳이다. 그래서 어른도 입술을 열어 놓고 소리를 내면 미음(ㅁ) 자를 발음하지 못한다.

입술은 성격을 표현하기도 하지만 뭐니 뭐니 해도 건강의 심벌이다. 빨간 연지를 바르는 것은 내 입술에는 많은 피가 돌고 있어 건강하니 나를 사랑하라고 호소하는 행위가 아니겠는가. '루즈(rouge)'는 프랑스 말로 '붉다'는 뜻이다. 그런데 유행이라는 괴력에 빠져 검은 연지도 바른다니 그것은 아마도 생물학적인 것이 아닌 심리적인 도착(倒錯)현상이 아닌가 싶다. 무엇을 제자리에 두지 않고 뒤바꿔 어긋나게 하는 그런 심리라는 것이다.

사람은 다른 동물보다 몸짓말이 발달했고, 특히 다민족국가에서는 말이 서로 안 통하니 몸놀림으로 의사소통을 한다. 그것의 극치가 농아들의 수화(手話)다. 그런데 입술도 몸짓말에 한몫을 단단히 하니 웃는 입술, 부어올라 뾰로통한 입술, 실기죽거리는 입술, 틈새 없이 꽉 다문 입술 등 입술로도 수십 가지 감정을 나타낸다.

사실 입술 하나도 제대로 난 것을 고맙게 여겨야 한다. 요새는 의술이 발달해서 입술 사이가 토끼 입술같이 짜개져서 이빨이 드러나는 언청이가 거의 없지만 옛날에는 그냥 그렇게 흉한 모습으로 지내야만 했다.

'세 치 혀'라는 말처럼 혀는 짧기는 하지만 그 밑에 도끼가 들어 있어 잘못 놀리면 남을 다치게 하고 잘 쓰면 복음(福音)을 쏟아 낸다. 한편 이 말은 혀도 언어 구사에 매우 중요한 역할을 한다는 뜻이다. 혀짤배기 소리는 듣는 이를 답답하게 하고, 어린아이들은 혀를 아직 굴리지 못해 리을(ㄹ) 발음을 잘 못한다. 영어의 엘(L) 자와 알(R) 자의 발음도 혀를 폈다 말았다 해야 나온다.

또한 혀는 음식과 침을 섞어 음식 표면에 소화효소가 잘 붙도록 하고 또 그 음식을 목구멍으로 밀어 넘긴다. 지금 바로 입 안에 침을 모아 혀를 움직이지 말고 넘겨 보자. 아마 닭처럼 고개를 쳐들어야 침이 넘어갈 것이다. 닭은 혀뿌리가 발달하지 못해서 '하늘 보기'를 한다. 여러 번 침을 삼키면서 혀의 고마움을 느껴 보길 바란다.

집안의 한 분은 침샘이 마비되어 침이 나오지 않아 음식을 먹을 때 언제나 물이나 국물이 있어야만 드실 수 있었다. 간혹 잘못하여 마신 물이나 넘긴 음식이 코로 튀어나오는 수가 있는데 목구멍 천장에 매달린 목젖이 코 쪽을 제대로 막지 못했기 때문이다. 음식이 숨관으로 들어가 생기는 사레와는 달라서 이때는 먹었던 음식이 입이나 코로 전부 되나온다.

혀에도 건강이 스며 있다. 피곤하면 혓바늘이 돋고 영양이 부족하면 백태(白苔)도 끼니 의사들의 눈에는 혀가 중요한 진찰 부위다. 특히 소아과 의사들은 아이의 입 안을 조심스럽게 살핀다. 윤기가 흐르는 분홍색 혀가 건강한 혀다. 피곤하면 혀도 힘이 없어 사람은 혀를 깨문다.

혀는 무엇보다 감각기관의 하나로 맛을 보는 데 중요하다. 성한 사람이야 눈으로 먹을 것인지 아닌지를 대략 구별해 내지만 눈이 먼 맹인에게는 코와 혀가 생명을 보장한다 해도 과언이 아니다.

맛에는 달고, 쓰고, 시고, 짠 네 가지가 있는데 혀는 이 맛을 감지한다. 혀의 앞쪽은 단맛을, 양옆은 시고 짠 맛을, 그리고 목구멍에 가까운 뒤쪽은 쓴맛을 감지한다. 그리고 이것들이 어떻게 배합되느냐에 따라 시금털털하다거나 달짝지근한 맛이 탄생한다. 3원색을 기본으로 그 많은 색상을 창조하는 것과 같은 이치다.

그렇다면 입과 이웃한 코의 의미는 무엇일까.

이목구비(耳目口鼻)는 남 앞에 바로 보이는 얼굴을 구성하는 중요한 기관으로 오래 전부터 사람의 미와 추를 결정하는 잣대였고, 한 사람의 인상을 결정짓는 데도 중요한 구실을 했다. 특히 코는 얼굴 한가운데에 오똑 솟아 바로 눈에 띄는 곳이다.

코는 크게 우리가 손으로 만질 수 있는 바깥코(外鼻)와 그 안쪽의 비강 그리고 비강에 잇닿은, 주위 여러 뼈의 내부로 뻗어 있는 부비강으로 나뉜다.

바깥코는 귓바퀴와 마찬가지로 탄성연골로 되어 있으며 세로로 코청이라는 얇은 막이 있어 두 개의 구멍으로 나뉘는데 그 입구가 콧구멍이다. 콧구멍 입구에는 코털이 얼개를 이루고 있는데, 코털에선 항상 끈끈한 점액이 흘러 호흡 시에 들어오는 먼지를 거른다. 코털 주변 벽에서도 점액이 분비되어 먼지나 세균을 잡으니 이것이 말라 코딱지가 된다.

바깥코는 귓바퀴처럼 피하지방이 발달하지 못하여 열을 빨리 빼앗긴다. 그래서 바깥코는 날씨가 추워지면 귓바퀴 다음으로 차가워져 '빨간 코'가 되고 동상에도 잘 걸린다. 이 바깥코가 큰 서양 사람들을 우리는 '코쟁이'라고 부르는데 일반적으로 추운 지방이나 사막 지방의 사람들은 코가 크고 길며, 습기가 많은 더운 지방 사람들은 작고 짧다.

바깥코를 지난 공기는 세로 칸막이를 경계로 좌우로 나뉘어 비강으로 들어간다. 각 방의 바깥쪽 벽에는 다시 상, 중, 하 3개의 선반 모양의 칸막이가 있는데 이것을 비갑개라 한다. 혈관이 많이 분포돼 있는 이곳은 난방과 가습기 역할을 한다.

비갑개는 찬 공기가 들어오면 혈관의 열을 빼앗아 31~35도의 따뜻한 공기로 데워 숨관과 허파로 보내고, 건조한 공기가 들어올 때는 75~85퍼센트의 습도 조절을 위해서 하루에 1리터 이상의 수분을 공기 중으로 방출하기도 한다.

비강의 이런 노력을 덜어 주는 방법이 습하고 포근한 공기를 호흡하는 것이다. 찬 겨울에 입마개를 하고 젖먹이 아이 방에 기저귀나 빨래를 널어 두는 것도 비강이 건조해지는 것을 방지하기 위해서다.

비강의 안쪽 천장 부위에 있는 지름 2센티미터 정도의 후감대에는 후각신경이 많이 분포되어 있는데 이곳에서 냄새를 맡는다. 냄새를 맡으려면 후감대의 후각상피에 있는 점막층에 화학물질이 녹아들어야 한다. 사람의 후각상피에는 50만 개의 후세포가 있는데 사람은 대단하게도 이 후세포 덕에 대략 1만 가지의 냄새를 구별한다고 한다. 술 냄새 맡는 것을 전문으로 하는 사람이 있을 정도로 우리의 코는 예민하다.

입 안을 거울로 비춰 보면 저 인두 쪽 위 천장에 목젖이 달랑 붙어 있는데, 그 뒤쪽이 뒤콧구멍이다. 다시 말하면 얼굴 쪽에 있는 콧구멍을 통해 들어간 공기는 비강과 부비강에서 데워지고 깨끗해지며 습기가 높아져서 뒤콧구멍을 통해 숨관으로 들어가는 것이다. 뒤콧구멍은 음식을 삼킬 때는 닫히고 숨을 쉴 때는 열리는데 목젖도 이 여닫이 운동에 중요한 몫을 한다.

어릴 때 먹은 것은 없는데 콧물은 그렇게도 많이 나와 양쪽 소매자락이 누렇다 못해 반들반들하였다. 몇 년 전만 해도 유치원 갈 때는 누런 코를 닦기 위해 가슴에 널따란 수건을 달았는데 요새 아이들 중에는 코흘리개를 볼 수가 없다.

아무리 콧대 높고 콧심 센 사람도 감기에 걸린다. 감기에 걸리면 우선 비강과 부비강의 점막들이 부어올라 콧소리가 나오는데, 이것은 코의 내부 구조가 특유의 음색을 결정하는 데 중요한 일을 한다는 것을 알게 한다.

그러나 우리가 아무리 외국어를 잘한다고 해도 외국인들과 코의 구조가 다르기 때문에 비슷하게 발음할 수는 있어도 똑같이 할 수는 없는데 이것은 외국인이 우리말을 배울 때도 마찬가지다. 불어의 목구멍에서 나오는 것 같은, 또 영어의 코 가운데서 나오는 발음 같은 것은 코 근육의 두께와 비강의 구조가 다르기에 불가능하다.

감기에 걸리면 콧물이 나오는데 이것은 점막에 침입한 세균이나 바이러스를 씻어 내고 무력화시키는 신체 반응이다. 즉 콧물에는 다른 몸의 점액과 같이 라이소자임(lysozyme)이라는 효소가 들어 있어서 세균을 죽이고 바이러스를 무력화시킨다.

조금 몸이 이상하다고 약에 의존하는 것은 더 큰 병을 만드는 것임을 잊지 말자. 오직 자기 몸의 자연치유능력을 믿고 병이라는 손님이 귀가할 것을 기다리는 것이 현명하다. 평생 300번이나 걸리는 감기에 너무 예민한 반응을 보이지 말기를. 코에 온 감기도 손님이니까.

인종에 따라 다른 코

인종에 따라 코의 형태가 크게 다른 것은 인종들이 진화해 온 다양한 환경과 밀접한 관계가 있다. 덥고 메마른 기후대에 살고 있는 사람들 코는 크고 오뚝하고, 덥고 습기가 많은 지역 사람들 코는 넓고 납작하다. 여기에서 알 수 있는 것은 인간의 코는 냄새를 맡는 것 외에도 환경에 적응한 공기조절장치라는 점이다. 이런 특징은 일반적으로 구미인의 코는 높고 너비가 좁으며, 동양인은 낮고 넓은 데서도 알 수 있다.

그러나 여기에도 한둘의 예외는 있다. 아프리카 칼라하리 사막의 부시맨과 사막에 살고 있는 오스트레일리아의 원주민들은 코가 다 같이 낮고 넓다. 이 현상은 간단히 설명된다. 양쪽이 모두 조상들이 진화해 온 본고장에 살지 않고 최근에 그 지역으로 몰려들었기 때문에 환경과 코가 일치하지 않는 것이다. 인종적으로 코의 형태는 그리스형(型), 로마형, 유대형, 몽골로이드형, 니그로이드형 등으로 구분한다.

코의 모양에 따라서 콧구멍의 모양도 다르다. 구미인의 콧구멍은 비공이 전후 방향으로 가늘고 길며 감씨 모양이다. 우리나라 사람들의 콧구멍 모양은 일반적으로 난형(卵形)이다.

쥐라기 공원과 호박

중앙아메리카 카리브 해안에 폭풍(허리케인)이 몰아쳐 여기저기에서 나무들이 뽑히고 둥치가 부러져 나자빠졌다. 찢기고 부러진 나뭇가지에서 누런 송진이 쏟아져 나오면서 흰개미들이 그것에 달라붙고, 또다시 그 위에 수지(樹脂)가 덮이면서 굳는다. 송진의 주성분인 테르펜(terpene)이나 송진증기가 흰개미의 조직으로 스며들어 물을 빼내니 그 속의 세균이 모두 죽는다.

거기에 햇빛이 쏟아지고 그 속에서 여러 화학 반응이 일어나 탄소들이 서로 달라붙고 굳어 땅바닥에 떨어진다. 폭풍우가 불어 송진 뭉치가 늪지대(개펄)로 떠내려가서 흙에 묻힌다. 2500만 년간 그렇게 짓눌려 굳어져서(이제 더는 화학 반응이 없다) 땅속에 있다가 지각변동으로 위로 솟아올라 히스파니올라(Hispaniola) 섬이 되었다. 이 섬은 그냥 섬이 아니라 호박(琥珀)섬이다. 말 그대로 노다지이니 마음만 먹으면 호박을 캐낼 수도 있다. 호박을 파내어 구슬로 만드니 이것이 호박옥(玉)이다.

호박이라 하면 우리는 흔히 한복 마고자 단추로 앞을 여미는 데 쓴다. 호박은 고사리식물이 석탄이 되듯이 소나무 비슷한 침엽수의 진이 화석화된 것인데, 만일 그 안에 개미나 모기 한 마리라도 들어 있을 양이면 진품(眞品)으로 취급된다.

호박 속에는 곤충말고도 새 깃털, 꽃이나 식물 조각이 들어 있는 경우가 있는데, 어쨌거나 생물학자들은 호박 값에는 뜻이 없고 그 속에 든 2500만 년 전에 살았던 생물들에 눈이 번쩍 뜨인다. 진화의 유전적인 비밀이 거기에 들어 있기 때문이다.

영화 「쥐라기 공원」을 기억할 것이다. 이 영화에서도 바로 호박 속의 모기 내장에서 공룡의 DNA를 뽑아 내어 공룡을 얻는다. 사실 과는 다른 공상이지만 언제나 과학의 열매는 엉뚱한 생각에 그 뿌리가 있다고 볼 때 괜찮은 소설이요, 영화임에는 틀림이 없다.

실제로 큰 호박(지름 3센티미터) 중에는 수십 종류의 생생한 곤충이나 식물 조각들이 들어 있는 것도 있어서 학자들은 호박을 얇게 잘라 진화하지 못한 곤충이나 그들의 알을 연구하고 DNA를 뽑아 내 그것들의 생리, 생채 등을 알아내고 있다.

흰개미의 경우도 조직이 송진에 고정되어 썩지 않은 것은 물론이고 DNA도 상함이 없이 거의 본래대로 남아 있다고 한다. 한마디로 이 호박 속에 들어 있는 동식물은 고생물 연구에 안성맞춤이다. 학자들은 호박에 들어 있는 세균(박테리아)을 분리하여 배양하고 흰개미, 바퀴벌레, 사마귀 등의 DNA 염기쌍 순서도 비교하는데 호박 속의 곤충과 현생(現生)하는 것들이 크게 다르지 않다는 보고도 있다.

그런데 호박 속의 DNA 염기쌍을 찾는 것도 쉬운 일이 아닌데 어머니 뱃속에 들어 있는 태아의 DNA까지 찾아내어 건강진단을 한다니 한번 보자.

바늘로 배(자궁)를 찔러 양수를 뽑거나(양수 속에 산 세포가 떠 있다)

배막(胚膜)을 떼 내어 염색체를 분석해 태아의 건강 상태나 특수한 질병의 유무를 확인한다. 세상이 험악해져 그런지는 몰라도 기형아의 출산 빈도가 너무 높기 때문인데 요즘은 탈없이 튼실한 아이를 낳는 것만도 신의 은총이다.

외국도 사정은 다르지 않아서 앞에서처럼 위험하게 주사로 자궁에 상처를 내지 않고(이 검사에는 유산이 따르는 수가 있다) 태아의 산 세포를 얻는 방법을 찾아내고 있다. 태아의 미성숙(未成熟) 세포를 모체의 피에서 찾는다는 것인데, 특별히 병적 증상이 없으면 적혈구가 태반을 스며오지 못하는 것으로 알았으나 10여 년 전에 정상적인 경우에도 태아의 미성숙 세포가 어머니 피에 흘러든다는 사실이 밝혀졌다. 그래서 주사로 모체혈관에서 피를 조금만 뽑아 내어 태아 세포를 현미경으로 찾아 염색체 검사, 유전자 검사를 하여 태아의 건강 상태를 진단한다는 것이다. 다른 말로는 자식의 피가 어미 몸에 섞인다는 것이니 이렇게 하여 그 진하고 모진 모정(母情)이 잉태되는 것이 아닌가 싶다.

여기서 미성숙 세포란 적혈구를 말하는데 하나 더 알아야 할 것은 덜 큰 적혈구는 핵(염색체)이 있으나 성숙한 것은 핵이 퇴화되는 대신 그 자리에 헤모글로빈이 들어차서 산소 운반에 관여한다는 점이다. 태아의 백혈구도 모체의 피에서 발견되어 그것을 검사에 쓰면 좋을 듯한데(원래 백혈구가 가장 좋은 것이다) 적혈구가 120일 살다 죽는 데 비해 백혈구는 27년이나 사는 놈이 있어서 그 전에 임신했을 때의 것일 가능성 때문에 쓰지 않는다.

이전에는 8~20주 된 산모의 피를 뽑아 태아의 미성숙 적혈구와 모체의 성숙한 적혈구를 현미경으로 일일이 찾아냈으나 요즘은 좀 더 쉬운 방법으로 산모의 적혈구 수천 개 중에서 태아의 미성숙 적혈구를 10~20개를 찾아내어 염색체의 이상(異常)을 발견하는 것은 물론이고 DNA 지문법으로 병의 유무도 확인한다. 사실 이런 검사는 멀쩡하게 잘 크는 아이를 대상으로는 하지 않는다. 발육이 부진하거나 가계상으로 유전적인 문제가 있는 경우에만 활용할 뿐이다.

어쨌거나 자식들에게 공부하라고 무리하게 닦달질할 것이 못 된다. 될 놈은 다 되는 것이니 그놈들 밥 잘 먹는 것 하나로 만족하자. 요즘 부모들은 대기만성(大器晚成)을 모른다. 언제나 조생종(早生種)은 수확량에서 처지는데 말이다.

여자 엉덩이가 씨암탉 엉덩이 같아야 하는 이유

"궁둥이에서 비파(琵琶)소리가 난다."라는 말은 분주하게 이리저리 다녀서 조금도 쉴 사이가 없다는 뜻이다. 사실 현대인들은 하도 바빠서 궁둥이짝 사이에서 불이 날 판이다. 팔자걸음을 걷다가는 굶어 죽을 지경이고 들고 뛰어야 입에 풀칠이나 겨우 하게되었다. 그래서 너무 급하게 달려가다 엉덩방아찧기 일쑤다.

좌우지간 사람은 다른 동물과 달리 바로 서는 직립생활을 시작하면서 궁둥이가 뒤로 튀어나오게 되었고 궁둥이에 근육과 지방.덩어리가 쌓여서 엉덩방아를 찧어도 덜 아프고 골반뼈에 충격이 덜 가게 되었다.

그런데 이 궁둥이도 남녀가 달라서 일종의 2차 성징을 나타낸다. 쉽게 말해서 여자는 궁둥이가 넓고 근육질이 적은 대신 지방이 많다. 반대로 남자 궁둥이는 좁고 단단하며 근육이 발달하였는데 이는 사랑을 할 때 깊게 사정(射精)하려면 힘이 필요하기 때문이란다.

누가 뭐래도 여자의 궁둥이는 성적 신호를 강하게 보내는 곳이다. 치마를 입으면 엉덩이가 어렴풋이 드러나나 청바지는 그렇지 않다. 청바지는 다리까지 다 가리겠다고 만든 옷이었는데 알고 보면 가리는 척하면서 찰싹 달라붙게 만들어 곡선미를 내보이는 이중성을 발휘한다. 궁둥이 사이까지 쏙 들어가게 만들어서 콩깍지 같은 궁둥이 짝이 도드라져 더욱 관능미를 북돋운다.

다른 짐승들은 소리와 꼬리 흔들기로 성적 신호를 보내는데 사람은 꼬리가 없으니 대신 궁둥이를 흔든다. 원숭이 암컷은 궁둥이가 붉은데 배란기가 되면 궁둥이가 부풀어올라 수놈이 곧바로 알아차린다니 흥미롭다. 어쨌거나 여자들의 경우 청바지 외에도 굽 높은 신발을 신고 걸어갈 때 뒤가 올라가 엉덩이가 더 나온다.

사실 여자의 궁둥이를 보는 시각도 시대에 따라 다르다. 서양의 옛날 그림을 보면 어느 것에서나 둥그스름하고 풍만한 볼기짝을 볼 수 있다. 필자가 어릴 때만 해도 여자 궁둥이가 씨암탉의 그것 같아야 순산한다고 들었는데 지금도 생물학적으로는 그것이 옳다.

자연을 살짝 들여다보면 고등, 하등 할 것 없이 모두 새끼치기에 정신이 없다. 세균 놈들은 이분법이라는 해괴한 수단으로 씨를 늘려 가고, 곰팡이라는 것들도 홀씨라는 씨앗을 만들어 사방팔방 퍼뜨리고, 식물들은 암술·수술이라는 성기를 만들어 꽃가루를 암술머리에 붙여서 종자를 만든다. 식물은 성기가 줄기 끝에 붙어 있는데 동물들은 그것이 아래(뒤)에 매달려 있다. 종족보존이란 것이 뭐기에 죽기 살기로 그것에 매달리는 것일까.

사람도 그 테두리를 벗어나지 못해서 사랑이라는 이름으로 아귀다툼을 한다. 사람이 네 다리로 기어다닐 때는 성기가 사타구니 사이에 가려져 있었으나 곧추서 다니면서는 '물건'이 노출되어 그것을 가리느라고 무화과 이파리에서 시작하여 별난 속옷까지 등장했다. 섬세한 음부라 가린다는 말보다는 되레 보호한다는 의미가 더 옳다

하겠다.

남녀 모두 사춘기가 되면 성적으로 성숙해 간다는 상징물인 음모가 돋아나는데 이 털의 기능을 어떻게 해석해야 하는가? 아마도 겨드랑이의 털처럼 살과 살이 맞닿을 때 상처가 나지 않도록 생긴 것으로 해석하는 것이 옳겠다. 서양의 옛 그림(나체화)을 보면 하나같이 여자들 몸은 털이 없이 매끈하다. 지금도 여성들이 겨드랑이나 다리의 털을 깎아 버리듯이 그 시절에도 그랬던 모양이다.

남성 생식기를 보면 긴 음경 아래에 두 개의 고환(정소)이 붙어 있다. 고환은 체온보다 온도가 낮아야(약 5도) 정자를 만든다. 많은 경우에 이 고환이 밖으로 나오지 못하고 몸 안에 남아 있는 때가 있으니 이를 '잠복고환'이라 하는데 이때는 껍데기만 있고 안에 알이 없다. 옛날에는 그런 아이를 언덕에서 아래로 뛰어내리게 했다는데(그렇다고 나오지 않는다) 요새는 간단하게 수술로 고칠 수 있다. 고환은 너무 차도 더워도 안 되는 예민한 부위로 추우면 달라붙고 더우면 처지는 훌륭한 온도계다.

고환은 비대칭으로 매달려 있는데 남자들의 약 85퍼센트가 왼쪽 것이 오른쪽 것보다 아래로 내려가 있다. 만일 그 두 개가 같은 자리에 있었다면 어떤 일이 일어났을까. 상상하건대 두 다리 사이에 있는 두 추가 맞부딪치는 날에는 상처가 생길 것이다. 조물주가 참 잘 만들어 놨다. 그런데 고환뿐만 아니라 눈알, 팔, 다리도 모두 좌우가 똑같지 않은 비대칭이다.

동서양이 비대칭이라 하지만 같은 것도 있는데 많은 남성들이 불알까기를 당했다는 점이다. 거세라는 행위인데 동양에서는 환관이 되었고 서양에서는 거세 가수인 남성 소프라노가 되었다. 온갖 사랑, 자비를 외치는 사람이 동료의 불알을 까는 못된 짓을 해 댄다니 인두겁을 쓰고 난 것이 부끄럽고 창피하기까지 하다.

고환이 씨를 만들면 음경은 그 씨앗을 뿌리는 장치가 아닌가. 사람의 음경에는 뼈가 없다. 대신 해면조직이 발달하여 동맥에서 들어온 혈액이 쌓여(정맥이 닫혀서) 발기가 가능한데, 원숭이나 개 등은 거기에 뼈가 있어 항상 뻣뻣하게 서 있다. 동물에 따라서 그것까지 다르다니 그것 또한 다양성이라 해 두자.

어쨌거나 음경은 멋과 모양으로 있는 게 아니라 씨를 깊게 심는 기계다. 동물원의 원숭이들도 사람 앞에서 물건을 내보여 뽐내고 권위를 과시한다니 중요한 무기임에는 논란의 여지가 없다 하겠다.

씨는 고환에서 만들어진다. 수놈들은 어떻게 해서라도 민들레처럼 씨를 사방팔방으로 많이 퍼뜨리려고 하는데 이런 이유로 사춘기에서 시작하여 죽을 때까지 정자를 만든다. 눈을 깜빡하는 1초 사이에 3,000여 마리를 만든다니 남자의 생산력은 알아 줘야 한다. 사정하지 않은 거나 정관수술을 했을 때의 정자는 분해되어 재흡수된다. 사정이란 말이 나왔는데 사정 시에는 정자말고도 전립선 등에서 만들어진 정액이 묻어 나오는데, 그것은 요도의 소변 성분을 씻어 내기도 하고 알칼리성이라 질의 산성을 중화시켜 정자의 활동을 빠르게 하기도 한다.

그런가 하면 여자는 난소에 40여만 개가 넘는 난모세포(卵母細胞)를 가지고 태어나서 사춘기 때부터 폐경기까지 매달 1개씩의 난자를 만든다. 그런데 40여만 개 중에서 400여 개만 난자가 되고 나머지는 도태되고 만다.

해부학적으로 봤을 때 남자와 여자 중 어느 쪽이 더 진화했을까. 진화했다는 말은 일반적으로 기관이 분화된 것을 말한다. 남녀 모두가 귀도 2개, 콧구멍도 2개로 대부분의 구멍 개수가 같으나 한 군데는 크게 다르니, 남자는 소변과 정자가 음경의 요도라는 한 구멍으로 같이 나오나 여자의 경우는 그것이 분화되어 소변이 나오는 요도와 질의 입구가 따로 있다. 그래서 여자는 남자보다 더 진화한 동물(?)이다.

하루살이는 3년의 애벌레생활 끝에 날개를 달고 어른 벌레가 된 지 하루 만에 짝짓기 하고 죽고 연어는 4, 5년 동안 바다에서 커서 양양 남대천에 와 알을 낳고 생을 끝내는데, 사람은 손자 보고 잘하면 현손까지도 볼 수 있다. 인간은 참 불가사의한 동물이다.

그것뿐이 아니다. 동물들은 발정기에만 암수가 짝을 짓는데(그들은 성교의 쾌락을 느끼지 못한다) 인간들은 그렇지 않다. 부부가 나누는 밤잠은 정서적 유대를 튼튼히 한다고 하니 필요한 것임에는 틀림없다. 우리가 살정〔肉情〕이라 부르는 그것이 금실을 좋게 하는 또 다른 대화다.

고환의 적당한 온도
　사람의 정상 체온(피의 온도)은 36.5도인데 묘하게도 고환의 온도는 그보다 5도 정도가 낮아야 정상이다. 그 이유는 그래야 정자가 잘 만들어지고 활발하게 활동하기 때문이다. 정자는 난자(복강 속의 난소에 있다)보다 더 차가운 곳을 좋아한다.

지방세포의 여러 얼굴

사실 필자가 어릴 때만 해도 통통하게 살찐 사람이 복 있다 하여 호감을 샀다. 그래서 서로들 나누는 인사도 '밥'과 관련된 것이 많았다. 자식들에게 한껏 먹이지 못한 것이 한으로 남았던 일이 엊그제 같은데 짧은 시간 동안 참 많이도 변했다. 하지만 지금도 점심을 못 먹는 아이나 노인이 많으며 고개 들고 북쪽을 바라보면 배고파 하는 북한 동포들이 우리를 내려다본다.

그건 그렇다 치고, 절식하면서 열심히 운동을 하여 체중을 줄였다는 것은 무엇을 의미하는 것일까. 몸의 세포 수가 그만큼 줄었다는 뜻일까, 아니면 지방과 물이 세포에서 빠져 나갔기에 그럴까.

한 사람의 세포 수는 유아기에 대략 결정이 된다고 하는데 그때 잘 먹으면 아무래도 숫자가 많아진다. 물론 유전적인 요소가 주된 역할을 한다.

어쨌거나 70조 개가 넘는 세포 중에서 지방세포가 체중에 결정적인 영향을 끼치는데 이들 세포에서 지방과 물이 빠져 나가서 세포 크기가 작아지면 몸무게가 줄고 지방세포에 다시 지방과 물이 들어가면 또 체중이 는다. 다시 말하면 한 번 생긴 지방세포 수는 줄고

느는 것이 아니다. 한마디로 지방세포에서 지방과 물을 뽑아 내어 세포를 작게 하는 것이 다이어트요, 운동이라는 것이다. 그래서 조금만 다이어트나 운동을 게을리 하면 다시 세포가 지방과 물을 머금어서 몸이 팽팽해지고 만다. 이처럼 '하마의 유전자를 가지고 태어난 사람이 사슴 되기'란 어려운 것이다. 세상 모두를 유전인자가 지배한다는 말이 백번 맞다. 장수하는 것도 내림이니 부모를 잘 만나야 한다는 게 아닌가.

유전 이야기는 다음에 하기로 하고, 근육(힘살)도 운동을 계속하면 부피가 늘어나 알통이 생기나 그대로 두면 작아지는데 그것도 지방세포와 같은 원리다. 강조하고자 하는 것은 근세포도 지방세포와 같아서 세포가 많아지고 적어지는 것이 아니라 커졌다 작아졌다 한다는 것이다.

여기서 지방조직과 근육조직을 비교해 보면 지방에는 물이 5~10퍼센트로 적은 데 비해서 근육에는 80퍼센트나 된다. 그러나 근육은 주성분이 단백질로(글리코겐도 많이 들어 있다) 여기서 물을 뽑아 내면 몸이 으스러지기에 대단히 위험하다. 심하게 굶으면 물뿐만 아니라 글리코겐도 빠져 나가니 다이어트는 자살 행위나 다름없다.

양을 키우는 사람들은 양이 쌍둥이 새끼를 낳도록 하기 위해서 교미 1주일 전에 고칼로리 먹이를 한 번에 많이 먹인다고 하는데 이것은 영양 상태가 좋아야 수태된다는 것을 말한다. 들소보다 잘 먹는 집 소가 새끼치기를 잘하고 먹이 사냥 다니는 부시족보다 우리가 더 많이 낳을 수 있다는 얘기다. 부시족들은 피임하지 않아도 고작 3, 4명을 낳는다.

그렇다면 지방세포와 다이어트는 어떤 관계인지 보자.

한때는 절구 같은 '사장배'를 건강과 부의 상징으로 부러워했다. 그런데 지금은 온 국민이 다이어트 열풍에 빠져 있다 해도 지나친 말이 아니다. 살 빼느라 물만 먹거나 침을 맞고 식욕억제제를 먹는 것은 물론이고, 정말로 비대증인 사람은 적게 먹기 위해 위 일부를 잘라 내거나 살갗 아래의 피하지방을 걷어 내기도 한다.

미국만 해도 59퍼센트가 비대증이라 무게 줄이기를 위한 처방이 엄청나게 많이 나왔으나 성공한 방법은 하나도 없다는데 우리도 그 흉내를 내느라 야단법석을 부리지만 보나마나 헛수고일 게 분명하다. 아무튼 우리나라도 병적으로 살이 많은 진짜 비대증인 사람들이 늘어가고 있고 부잣병이란 당뇨병도 증가하는 추세다.

미국의 어느 학자는 43년간 쌍둥이(일란성) 400쌍의 체중 변화를 추적해 봤다는데 잘 먹고 못 먹고에 따라(환경이 문제가 되지 않는다) 체중이 달라지지 않았다고 하니, 체중 하나만 봐도 유전자가 문제인 것이다. 물만 먹어도 살이 찌는 사람이 있는가 하면 아무리 먹어도 그저 그런 사람도 있으니 내림이라는 것이 무섭다.

정상적인 경우는 살이 찌면 지방세포에서 렙틴(leptin)이라는 호르몬이 많이 만들어지는데 이것이 저장 양분을 빨리 태워 식욕을 떨어뜨린다. 반대로 몸이 마르면 렙틴이 적게 만들어져 체중이 는다.

물론 환경도 비대증과 관련이 있다. 진화유전학자들의 관찰이 관심을 끈다. 즉 남태평양의 피마(pima)족이 미국의 아리조나 주와 남미 멕시코로 집단 이주를 했는데 미국으로 간 사람들은 잘 먹고 편하게 지내서 육체노동을 하는 멕시코 이민들보다 체중이 평균 26킬로그램이나 늘고, 키도 2.5센티미터나 컸다고 한다. 이는 미국으로 이민 간 사람들의 유전자가 바뀐 것이 아니고 단지 먹고 저장했다가 다시 쓰는 그들의 기아인자가 느슨해진 때문이다. 이렇게 환경이 인자에 영향을 미친다는 얘기다.

어쨌거나 무슨 수를 써도 지방세포 수를 줄일 수는 없으니 애써 몸무게를 줄여도 다시 늘어나는 요요현상을 피할 수가 없다. 적게 먹고 많이 움직이는 것이 체중을 유지하는 최상의 길이다.

다음은 지방세포와 임신의 관계를 보자.

여자는 생리적으로 남자보다 지방이 많다. 그런데 지방은 몸에 적당히 있어서 추위를 막아 주는 단열재 역할을 하는 것은 물론이고 넘어지거나 부딪힐 때 뼈가 덜 다치게 하는 쿠션 역할도 한다. 곧바로 연소되어(산화되어) 열을 내며, 스테로이드 물질을 함유해 성호르몬을 만드는 데도 쓰인다.

지방과 여성의 임신 관계는 중요한 생물학적 의미를 지닌다. 한마디로 최소한의 지방 축적이 있어야만 생식 능력을 상징하는 달거리가 있고, 임신도 가능하다는 것이다. 다이어트나 운동을 심하게 하여 지방이 줄면 배란이 정지되어 생리를 안 할 수도 있다. 설명을 덧붙이면, 오래 굶으면 뇌의 시상하부가 기능 이상을 초래하여 생리주기가 불규칙해진다. 심한 운동으로 근육이 늘고 지방이 줄어들면 에스트로겐호르몬이 감소하여 초경이 늦어지기도 한다. 남자도 체중이 너무 줄면 먼저 성욕이 감퇴하고 정액량이 줄어든다. 그뿐만 아니라 정자의 운동과 수명에도 지장을 준다니, 남자나 여자나 제 몸에 알맞은 살(지방)을 갖추어야 한다.

재미있는 또 다른 생리현상은 여자가 임신하기 전에는 저절로 체중이 늘어난다는 것이다. 생식과 발생에는 에너지가 있어야 하는데 저장한 지방으로 모체의 생명은 물론이고 태아를 키우는 데 쓰기 위함이다. 여자 몸에 지방이 너무 없으면 임신이 되지 않는다는 말을 강조하려는 것인데 여기서 또 하나의 미스터리는 너무 비만해도 불임이 된다는 것이다. 사람뿐만 아니라 동물도 마찬가지다.

아직까지는 비만과 불인의 상관관계가 명확하게 밝혀지지 않았지만 그것은 당연한 귀결이 아닌가 싶다. 이런 실험이 있다. 식물의 씨앗을 맹물과 설탕물에 넣어 싹트는 것을 비교해 봤더니 설탕물의 것은 뿌리가 난 후 더 자라지 않았다. 발아 시에는 뿌리가 먼저 나오고 물을 빨아들여 씨 속의 양분을 소비하면서 커 가는 것인데 설탕이라는 양분이 충분히 있으니 뿌리가 자랄 필요가 없었던 것이다. 마찬가지로 살찐 소와 돼지가 배가 부른데 새끼를 낳을 필요가 있겠는가.

돼지 만만세!

에이즈에 걸린 미국의 한 청년이 원숭이의 골수를 이식받아 퇴원했다며 원숭이뿐만 아니라 돼지 장기도 이식할 때가 곧 온다고 대서특필한 기사를 읽은 적이 있다.

그 수술은 동물의 골수를 사람한테 이식한 첫 번째 사례로 그런 수술은 불가능하고 설령 수술에 성공하더라도 곧 죽을 것이라는 예상을 깨어 세계의 이목을 끌었으나 그렇다고 에이즈가 치료될 것으로는 보이지 않는다. 하지만 인간과 생판 다른 원숭이 골수를 이식했는데도 심한 거부 반응이 없었다는 것은 의학계를 놀라게 할 만하다. 그래서 의학계는 이 사건을 '기적'이라 표현했다.

피가 비슷하다는 것은 혈통이 가깝다는 뜻인데 거의 똑같은 피를 가진 사람은 부모, 형제, 자매 중에서도 일란성 쌍둥이가 제일이라 그들끼리는 조직 거부 반응이 적게 나타난다. 덧붙이면 지구상의 사람들 얼굴이 모두 다르듯이 피도 다르다는 것이다. A, B형의 차원이 아닌 성질이 다른 것이다.

그런데 원숭이 기관을 이식하는 실험은 많이 실시되어 왔지만 돼지는 어쨌다는 것일까.

영국 어느 제약회사에서는 유전적인 구성을 바꿔 놓은 돼지의 기관을 원숭이에게 이식한 데 이어 이젠 사람에게도 시도하겠다고 한다. 자동차가 고장나면 부속품을 갈아 끼우듯이 사람 내장도 돼지 내장으로 척척 갈아 넣겠다는 것이다. 이럴 때 꿈도 야무지다고 해야겠는데 사람들이 못하는 짓이 없다. 제약회사 한 연구진은 이미 돼지의 이자에서 인슐린을 뽑아 주사를 맞아 오지 않았느냐며 뽐내기도 한다.

그러면서 큰 걱정은 이들 동물들이 가지고 있는 세균이나 바이러스가 사람에게 전염되는 것을 어떻게 막느냐 하는 것이란다. 이미 원숭이가 가지고 있던 인간면역결핍바이러스(HIV)가 사람한테로 옮아와서 에이즈라는 병을 일으키지 않았던가. 한마디로 동물의 병이 사람에게 감염되면 에이즈처럼 퇴치가 참 어렵다. 홍콩의 닭 바이러스도 유사한 사건이다.

그런가 하면 한편에서는 사람과 원숭이는 같은 영장류로 계통적으로 볼 때 너무 가까워서 전염이 되지만 돼지와 사람은 멀기에 돼지의 병균이 사람이라는 환경에서 살기 어려울 것이므로 원숭이보다 돼지가 실험 동물로 더 좋다는 주장도 있다.

인간은 자신들이 140년까지 살 수 있다고 보고 그 목표에 도달하려고 별의별 짓을 다하는 것이다. 실험한 것 중에서 특히 섬뜩한 게 있으니, 돼지 새끼(자궁 속에 든) 뇌를 떼 내어서 다친 사람의 머리에 집어넣었다는 것이다. 그 사람이 살아났을 경우 구미가 동할 때마다 돼지처럼 마당을 헤매는 꼴을 상상해 봤는가 그들에게 묻고 싶다. 돼지 이야기를 조금 더 보자.

일생을 '굵고 짧게' 사느냐 아니면 거미줄처럼 '가늘고 길게' 사느냐 하는 것이 논쟁감이 되기도 하지만 누가 뭐래도 명(命)은 하늘에 있는 것이라 어느 누구도 큰소리 못한다. 막상 죽음을 맞닥뜨리면 생명의 소중함을 느끼고 어떻게 하든 더 살고 싶어하는 게 인지상 정이다. 어쨌거나 '파리 목숨'을 조금이라도 늘려 주기(보기) 위해 장기이식 연구가 매우 활발하다.

사람 장기에 대한 수요와 공급이 균형을 이루지 못하니 다른 동물의 장기이식에 눈을 돌리고 있는데 미리 말하지만 가장 좋은 '친구'로 돼지를 꼽고 있다. 원숭이, 오랑우탄 같은 영장류가 물론 더 좋겠으나 이들은 키우기가 쉽지 않고 윤리적인 문제 때문에 기피한다.

1905년에 벌써 프랑스의 한 의사는 토끼의 콩팥을 죽어 가는 아이에게 이식했고 그 후에도 수없이 많은 수술이 시도되어 왔다. 그러나 그 시도는 심한 거부 반응으로 번번이 실패하고 말았다. 수술 후 몇 분 또는 몇 시간 안에 숙주(이식을 받은 쪽)에 이식된 조직(기관)의 모세혈관이 파괴되었는데 원래는 병원균에만 반응하는 항체가 이식 조직에 달라붙어 보체 단백질을 만들어 파괴했기 때문이다. 같은 종인 사람의 것도 거부하는 항체가 다른 동물(종)의 조직에 반응하는 것은 어쩌면 당연하다.

그래서 이 보체 단백질을 억제하는 사람 유전인자를 돼지의 배(胚)에 집어넣어 '유전자가 이식된 돼지'를 만들어 보체 단백질이 조직 파괴를 하지 못하게 연구하고 있다. 또 돼지의 조직에 사람의 항체를 해치는 항원이 있는 것을 발견하고 이것을 배양하여 혈액형이 다른 사람끼리도 장기이식을 할 수 있도록 하였다.

그래도 백혈구가 이식체를 공격하는 문제가 남아 있어 '기적의 물질'로 알려진 시클로스포린(cyclosporine, 항생제의 일종으로 다른 것들처럼 토양 세균에서 분리해 냄)을 계속 투여하여 이제는 우리나라에서도 이식과 이 항생제의 연구가 상당한 수준에 이르렀다. 그러나 이 항생제는 독성이 강해 부작용이 많아 숫제 장기를 받는 쪽의 면역체계를 완전히 바꿔 버리는 실험이 진행 중이다.

예컨대 원숭이의 항체를 모두 걸러 내고 방사선 투사와 약품 투약으로 골수(백혈구가 만들어지는 곳)를 완전히 파괴한 후 돼지의 골수세포를 이식하고 나서 돼지의 장기(기관)를 이식하는 것이다. 이것은 장기이식 기술이 완전히 성공했다는 뜻이 아니고(아직도 시간이 많이 걸린다) 전망이 밝다고 강조한 것이다.

최근의 연구는 이식하는 조직을 플라스틱섬유막으로 싸서 집어넣는 것인데 막을 통해서 양분, 산소 등은 통과하지만 백혈구나 항체는 이식체에 들어가지 못하게 하는 기법이다. 전체 기관을 이식할 필요 없이 고장 난 부위만 이식하면 되는 장점이 있다. 아마도 당뇨병 환자의 망가진 랑게르한스 섬에 돼지의 것을 캡슐에 넣어 이식하는 성공 사례를 신문에서 곧 보게 될지 모르겠다.

인슐린 주사약도 소의 것보다 돼지의 것이 비싸다는데 그것은 그만큼 효과가 있다는 게 아니겠는가. 수천 년을 같이 살아온 돼지는 인간에게 해로운 유행성감기 바이러스 같은 병원균도 가지고 있지만 키우기가 쉽다는 것말고도 기관의 크기가 사람과 거의 같아 가장 안전하게 기관이식이 가능한 동물이기도 하다. 머리부터 살까지 바치는 돼지에게서 살아 있는 염통, 간도 떼 내니 돼지한테 정말로 깊은 연민을 느끼지 않을 수가 없다. 돼지 만만세!

햇볕이 주는 음과 양

　세상에는 많아도 탈, 적어도 탈 아닌 것이 없다. 눈물 하나도 많으면 넘쳐 흐르고(늙으면 그렇게 되는데 코로 뚫려 있는 눈물관이 노화로 막히기 때문이다) 적으면 눈알이 뻑뻑해진다.

　1년의 피로를 풀어 보겠다고 한여름 휴가길에 나선 많은 사람들 등은 뱀 껍질처럼 벗겨졌을 것이다. 태양(자외선)을 너무 많이 쏘여 살이 타면서 세포가 죽어서 말이다. 필자가 어릴 때도 여름에 살갗을 태워야 피부가 야물어지고 겨울 감기도 예방된다 해서 살 태우기를 모질게도 했는데 요즘은 돈 주고 드러누워 껍질을 태우기도 한다.

　살갗이 햇빛을 받으면 구릿빛으로 변하는 것은 누르스름한 살색에 검은 멜라닌 색소가 섞여 나오기 때문이다. 즉 피부가 자외선을 많이 받으면 자외선으로부터 피부를 보호하기 위해서 멜라닌 세포를 생성해 검은 막을 만든다. 검은색을 만드는 이 세포는 보통 때는 비활성 상태에 있다가 햇볕을 받으면 활성화되어 피부를 검게 변하게 한다.

　그런데 인종에 따라서 멜라닌 색소의 양이 다 다르다. 뜨거운 햇살에 그을리며 살아온 흑인들은 멜라닌 세포가 아주 많고, 1년 내내 구름이 끼어 햇볕을 보기 어려운 응달(북유럽이 그렇다)에서 살아온 백인들은 아예 멜라닌 세포가 없으며 우리네들은 터를 잘 잡고 태어나서 멜라닌 세포 수가 흑인과 백인의 중간 정도다.

백인들이 멜라닌 색소를 만들지 못하는 것은 일종의 돌연변이현상이다. 백인들은 피부는 물론이고 머리카락도 검지 않고 눈의 홍채도 검은색이 없으며 눈동자 둘레(눈조리개)가 푸르다. 그래서 백인들은 햇볕을 쬐면 우리처럼 피부가 검어지는 게 아니라 말 그대로 벌겋게 탄다. 피부가 거칠고 윤기가 없는 것도 그네들이다. 사실 희고, 검고, 노랗고가 이 멜라닌 색소 하나 차이인데 죽기 살기로 인종차별을 하니 인간들은 참 용렬하다.

자외선(넘보라살)도 많아도 탈, 없어도 탈이다. 자외선은 사람의 가시광선 중에서 가장 파장이 짧은 보라색보다도 더 짧은데 우리는 보지 못하나 벌 같은 곤충은 본다니 동물에 따라 가시광선이 모두 다르다.

아무튼 자외선을 너무 많이 쬐면 사람은 백내장에서 피부암까지 걸릴 수 있고 다른 동물은 죽을 수 있으며, 식물은 엽록체가 파괴된다. 그래서 남극의 오존층에 구멍이 나 자외선이 솔솔 새어든다고 학자들이 태산같이 걱정하는 것이다. 자외선이 심해져 바다의 식물성 플랑크톤과 뭍 식물의 엽록체가 파괴되는 날이면(지구 생산자가 다 죽어 나자빠지면) 모든 동물도 따라서 저절로 사라져 버릴 터이니 그 어떤 무기보다 더 무서운 것이 자외선이다.

자외선이 부족하거나 없으면 어떨까. 동전에 양면이 있고 칼에도 양날이 있듯이 넘보라살이 반드시 해로운 것만은 아니다. 넘보라살

정상세포　　　　자외선에 손상된 세포

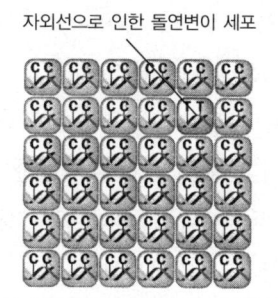

자외선으로 인한 돌연변이 세포

자외선은 많아도 탈, 적어도 탈이다. 적으면 우리 몸에 비타민 D가 부족하고 많으면 피부암 등을 유발시킨다.

은 이불에 묻은 세균을 죽이고, 우리 살갗에 들어 있는 에르고스테롤(ergosterol)을 비타민 D로 만들어 뼈를 튼튼하게 성장시켜 골다공증에 걸리거나 곱사등이가 되지 않도록 한다. 그래서 자외선이 부족한 북유럽 사람들은 한겨울이면 비타민 D 성분의 알약을 먹어야 한다. 이런 자외선이 어느새 돌변해 피부암을 유발한다니 참 아이러니하다. 동지와 적이 한 둥지를 트니 혼란스럽다.

어쨌거나 자외선이 피부암을 일으킨다는 것은 사실이다. 그런데 피부암은 햇빛을 몇 번 받았다 해서 당장 걸리는 것이 아니다. 다른 암처럼 살갗의 면역 기능이 떨어졌을 때 암세포 분열이 빨라지면서 증상이 나타난다. 한마디로 강한 햇빛을 오래 받으며 살면 피하층에 손상이 누적돼 어느 순간 증상이 악화된다는 것이다.

피부암은 암세포가 피부에만 있지 않고 피를 타고 허파(폐)까지 달려간다는 데 문제가 있다. 세상에 온갖 종류의 사람들이 다 있듯 사람 몸 안의 세포 중에도 '암적 존재'들이 있으니, 모든 세포들은 발생 과정에서 자리 잡은 그곳에 죽도록 붙박여 사는데 이 암세포는 온몸을 돌아다닌다.

암을 영어로 cancer라고 하는데 라틴어의 게(crab)라는 뜻이 들어 있다. 게가 구덩이를 여러 개 파서 안으로 연결시켜 놓은 다음 그 안을 헤집고 다니듯이 암세포도 바로 옆 조직을 파고들어 가는 침윤은 물론이고 피나 림프를 타고 먼 곳까지 옮겨 다니는 특성이 있기 때문이다. 원래 생긴 조직에만 머물러 있다면 암을 잡기가 한결 쉬울 텐데 말이다. 그러니 등에 생긴 피부암이 허파까지 전이되는 것은 예사다. 초기에는 제자리에 있으니 암은 암조직을 일찍 발견하여 잘라 내는 것이 최상의 치료법이다. 그러나 문제는 어느 암이나 초기에는 특별한 증상을 나타내지 않는다는 데 있다.

암들은 일종의 돌연변이로 보통 세포보다 핵이 훨씬 크고(아직 미숙한 세포들이라는 뜻이다) 분열 속도가 조금 빠른 경우도 있다. 다른 세포와 가장 다른 점은 늙을 대로 늙은 세포마저도 세포분열을 계속한다는 것이다.

더 살을 붙이면 보통 세포는 다른 세포들에게 완전히 둘러싸이면 분열을 멈추는데 이 녀석들은 늙은이 젊은이 할 것 없이 모두가 새끼를 쳐 대니 종양이라는 혹이 생긴다. 바로 그 혹이 다른 조직을 누르고 혈관을 막아 괴사시키는데 위암 같은 경우에는 아래 통로인 유문을 막아 버린다.

암은 돌연변이라 예방이나 예측이 불가능하다. 여기서 돌연변이란 세포의 핵 속에 들어 있는 유전자(DNA의 일부분)가 말썽을 부리는 것이다. DNA를 구성하는 염기라는 물질에는 A(아데닌), G(구아닌), C(시토신), T(티민)이라는 네 가지가 있는데 이것들의 배열이 달라지거나 일부가 없어지는 등의 현상이 돌연변이다. A는 T와, G는 C와 항상 서로 짝을 지어야 하는데 만약 DNA 어느 부위에서 A와 C

가 결합했다면 그것이 바로 돌연변이다.

피부암의 역사는 1775년으로 거슬러 올라간다. 영국의 포트(Pott)라는 사람이 관찰한 결과 굴뚝을 청소하는 사람들은 고환에 헌데(부스럼)가 많았고(많은 사람들은 성병으로 단정했다) 콜타르를 다루는 사람들은 피부에 종기가 많더라는 것이다. 포트는 그 병들이 내적 원인이 아니라 외적인 인자 때문이라고 결론지었는데 이것이 암 연구의 효시다.

사람의 살갗 단면을 보면 맨 위층에는 때가 있고, 그 아래에는 죽은 세포인 각질세포가 모인 각질층(케라틴층)이 있고, 또 그 아래에는 상피(上皮)가 있다. 상피는 비늘 모양의 세포, 기초 세포, 멜라닌 세포를 모두 묶어 이르는 말인데 이 세포들은 모두 살아 있다.

때나 각질층도 자외선 B를 차단하는 데 일조하지만 자외선은 주로 멜라닌 세포가 막는다. 그래서 3종류의 산 세포 중에서 이 멜라닌 세포가 돌연변이를 일으켜 암세포로 되었을 때 가장 치명적이다. 멜라닌 세포가 암이 되었을 때를 멜라노마(melanoma)라 하는데 보통 세포는 조직배양이 잘되지 않으나 암세포들은 악질적이라 아무 데서나 잘 견디며 산다. 어쨌든 암은 세포 핵의 DNA가 상처를 입어 일어나는 것으로 유전자(사람에게는 약 6만~8만 개가 있다) 중에서 암을 억제하는 P_{53}이 상처를 받으면 피부암이 된다. 실은 다른 암도 마찬가지다. 그래서 지금의 암 연구는 P_{53} 유전자 연구에 초점이 맞추어져 있다고 해도 과언이 아니다.

태어나면서 암 유전자를 받아 어느 때가 되면 특별한 이유 없이도 발현된다는 암 내림설도 무시 못한다. 그래서 장수하려면 재수좋게 집안을 잘 만나야 하는 것이다.

게놈 프로젝트

　　중·고등학교에서 생물에 흥미를 느끼고 공부해 나가다
가도 '유전' 이야기만 나오면 학생들이 난처해 하고 싫증을 내는데
이러한 반응은 대학교 일반 생물 수업 시간에도 마찬가지다. 하지
만 좀 어렵고 지겹더라도 꼭 알아야 할 부분이기에 여기 한 꼭지를
쓴다.

　　DNA는 유전물질이다. DNA 사슬의 기본 단위인 뉴클레오티드의
4가지 염기는 아데닌, 구아닌, 시토신, 티민이고, RNA(Ribonucleic acid)
에서는 티민 대신에 우라실과 당이 인산으로 연결되어 있다. RNA
는 생물의 세포 내에 들어 있으며 DNA에서의 유전 정보를 전사하
여 단백질 합성을 조절하는 고분자물질로 크게 mRNA(전령RNA),
tRNA(운반RNA), rRNA(리보솜RNA)가 있다. 이런 내용과 맞닥뜨리면
일단 사람들은 고개를 흔드는데 가르치는 사람들의 책임도 있겠으
나 배우는 사람들도 교양인으로 꼭 넘어야 할 산임을 알고 극복하
려는 노력을 보여야 한다.

　　'인간게놈프로젝트(Human Genome Project)'는 100조 개가 넘는 세
포 중 하나를 대상으로 하며, 세포 중에서도 주로 핵에 들어 있는

유전자를 연구한다. 우선 게놈의 의미부터 따져 보자.

게놈은 생물이 생존하는 데 필요한 최소한의 염색체 단위다. 세균이나 바이러스 등의 일배체(一倍體) 생물의 염색체는 하나의 거대한 DNA(또는 RNA)분자로 구성되어 있으므로 그 자신이 게놈에 상당한다. 게놈이란 한 개의 세포(핵)에 들어 있는 유전자를 통틀어 부를 때 쓰는 말로 사람의 유전자는 3, 4만 개 정도로 추산된다. 게놈이란 말에서부터 막혀 글을 읽다 말겠으나 중도에 포기하지 말고 알아가다 보면 앞에서 사람의 세포 수가 약 100조 개가 된다는 것을 알았듯이 몇 개의 이삭이나마 주울 수 있으리라.

사람은 모든 세포(난자, 정자는 그 반이다)에 46개의 염색체를 가지고 있다. 46개 중에서 각각 23개씩을 어머니(난자), 아버지(정자)에게서 받은 것으로 모양과 크기가 같은 것이 서로 짝을 지으니 이를 상동염색체(相同染色體)라고 한다. 다시 말해서 백혈구를 염색하여 염색체를 관찰해 보면 46개의 염색체를 찾아낼 수가 있는데 그것을 길이가 긴 것에서 짧은 순서로 한 쌍씩 짝을 지을 수가 있으니(1번이 제일 크다) 이것을 '핵형분석'이라 한다. 이때 한 쌍 중에서 하나는 아버지, 하나는 어머니에게서 받은 것이다.

조금 덧붙이면 1번에서 22번까지의 22쌍(44개)을 상염색체(常染色體)라 하고 남은 XX(여자)나 XY(남자)를 성염색체(性染色體)라 하는데, 남자를 만드는 Y염색체는 얄궂게도 46개 중에서 제일 작은 꼬마 염색체로 1번(10마이크로미터) 것의 5분의 1 정도(2마이크로미터), X염색체의 3분의 1 정도밖에 되지 않는다. 그런데 놀랍게도 이 46개의 염색체 속에는 10만여 개의 유전인자가 들어 있다. 조금 더 가 보자.

잘 알듯이 핵에는 핵DNA가 들어 있는데 이 DNA는 바로 염색체

곳곳에 감겨 들어 있다(각 세포의 DNA양은 같다). 앞에서 말한 1번 염색체에 들어 있는 DNA를 끄집어내어 길이를 재어 보면 실제 염색체 길이는 10마이크로미터지만 풀면 8.5센티미터가 되고 Y염색체는 1.7센티미터 정도가 된다. 얼마나 꼬불꼬불 실타래처럼 감겨 있었기에 그렇게 긴 실(DNA)이 우리 뱃속에 들어 있는 것일까. 그러나 한번 더 놀라야 할 일은 세포 하나의 핵에서 뽑아 낸 DNA 길이가 2미터를 넘는다는 것이다. 그래서 70조 개에 든 DNA를 모두 모으면 지구를 몇 번이나 감을 수 있다.

이제 이런 결론을 얻을 수 있다. 한 개의 세포 속에 든 2미터의 DNA에 많으면 10여만 개의 유전인자가 순서대로 박혀 있다고 말이다. 이 유전자의 순서를 모두 밝히겠다는 게 게놈계획이다. 여기까지의 설명에서 적어도 여러분은 유전인자란 DNA의 일부임을 알게 되었다. 여러분이 고등학교에서 'DNA는 유전자의 본체'라고 배운 것에서 좀더 구체적으로 들어가 DNA의 부분부분이 하나의 유전자라는 사실을 알았다. 그럼 한 사람의(1개의 세포가 아니고) 유전인자는 모두 몇 개나 될까? 한번 재미로 계산해 보자.

여러분의 기억을 되살려 보면 DNA나 RNA는 모두 염기, 당, 인산으로 구성된 뉴클레오티드로 되어 있고 염기에는 아데닌, 구아닌, 시토신, 티민이 있으며 언제나 A는 T, G는 C와 수소결합을 하여 염기쌍을 이룬다는 설명이 떠오를 것이다. DNA 2중나선구조는 한 가닥에 A염기가 있으면 다른쪽 가닥에는 T가, G염기에는 C가 염기쌍을 이뤄 계속해서 붙는다는 것인데 과연 사람의 체세포 1개의 DNA에는 몇 개의 염기쌍이 들어 있을까?

보통 염기쌍 간의 길이는 34옹스트롬(Å, 1밀리미터의 1,000만분의 1)

정도다. 사람 1개의 세포에 물경 60억 개의 염기쌍이 들어 있고 그 염기쌍의 일부분이 1개의 유전자라 했으니 계산상으로는 1개의 유전자는 평균 6만여 개의 염기쌍을 갖는다. 천문학적인 수의 염기쌍이 내 몸에 들어 있는 것이다. 그런데 실제로 우리는 전체 유전.자 중 약 3퍼센트밖에 쓰지 않아 평균 1만 5,000개의 염기쌍이 1개의 유전자로 작용한다.

이제 우리는 인간게놈계획은 DNA의 염기쌍 배열 순서를 밝히는 사업으로 46개 염색체의 어느 부위의 염기배열 순서를 알아내는 것임을 알았다.

그런데 다른 생물들이나 사람의 미토콘드리아DNA(mtDNA)는 그 염기서열 순서가 모두 밝혀져서 '유전자 지도'가 만들어져 있다. 다른 말로 바꾸면 인간게놈계획도 이것들처럼 핵DNA(유전자)의 유전자 지도를 만들자는 것이다. 그러면 '미토콘드리아의 게놈'을 한번 보자.

먼저 미토콘드리아의 특성(진화)을 알아 두는 게 좋겠다. 세포의 진화 과정에서 시안박테리아가 식물 세포의 엽록체가 되었고 호기성 세균이 동식물 세포 모두에 들어가(기생하여) 미토콘드리아가 되었다고 본다. 이 때문에 미토콘드리아는 세포 안에서 핵DNA와 관계없이 스스로의 DNA(세균은 DNA를 갖는다)를 가지고 있는데, mRNA는 유전자로부터 전사된 RNA분자로 어떤 단백질을 만들 것인가, 즉 코드된 정보를 담고 있다. mRNA의 정보는 리보솜에서 번역된다. 원핵생물에서는 1개의 mRNA가 1개 이상의 단백질 정보를 가질 수 있다. tRNA는 단백질 합성에서 작용하는 작은 RNA분자로 mRNA의 유전 암호를 해독하는 기능이 있다. rRNA는 리보솜을 구성하는 성분으로서 핵 속의 인에서 전사된다. 즉 인은 rRNA와 단백질을 합쳐서 리보솜을 합성하는 장소를 만들고 리보솜에서 스스로 단백질을 만들어 내어 세포분열과 관계없이 결합하면 미토콘드리아도 자체 증식할 수 있다. 물론 이때 숙주 세포와 공생을 오래해 왔기에 숙주의 도움을 받기도 한다. 사람 안에 있는 미토콘드리아는 10일밖에 살지 못한다고 하니 미토콘드리아DNA도 새 것 만드느라 바쁘겠다.

미토콘드리아 게놈(mtDNA)의 고리 모양은 2중나선구조(일부는 3중구조다)인데 평균 핵염색체의 8,000분의 1로 DNA양은 보통 핵DNA의 0.5퍼센트 정도다. 전체 유전자 37개 중에서 한쪽 가닥에 28개, 다른 가닥에 9개의 유전자가 들어 있다. 그 중 2개의 유전자는 rRNA를, 22개는 tRNA, 13개는 단백질을 합성하는 데 관여하는 유전자들이다. 앞에서 말했듯이 핵 게놈이 3퍼센트밖에 그 기능을 발휘하지 않는 데 반해서(코딩(coding)한다고 한다) 미토콘드리아 게놈은 93퍼센트가 활동적인 유전자다. 미토콘드리아DNA는 그래도 간단한 편이라 이미 어느 부위가 어떤 순서로 염기쌍이 이뤄져 있는지 각 유전자들이 어떤 기능을 맡고 있는지 모두 알려져 유전자 지도가 만들어진 것이다. 이렇게 핵DNA 모든 염기의 순서와 각 유전자의 기능을 밝히는 사업이 게놈프로젝트다.

한 가지 흥미로운 사실은 어머니의 난자와 아버지의 정자가 수정할 때 미수정란(난핵과 세포질을 모두 가지고 있으며 세포질에 미토콘드리아가 있다)에 정자가 들어가는데 이때 정자는 정핵(세포질이 없다. 고로 미토콘드리아가 없다)만 들어가기에 수정란 속의 미토콘드리아는 어머니의 것이며 이 때문에 자식들의 미토콘드리아는 모계성이라는 것이다. 독자나 필자가 가지고 있는 양분을 산화시켜 에너지를 내는 세포소 기관인 미토콘드리아는 모두 어머니에게서 받은 것이다.

우리의 간세포 1개에 2,000~3,000(세포 부피의 5분의 1) 개의 미토콘드리아가 들어 있어서 숨 쉴 때 들어온 산소와 열심히 먹은 양분이 이곳에서 세포 호흡(산화)을 하여 체온을 보존하는 열을 낸다. 대사 기능이 활발한 조직일수록 미토콘드리아 개수도 많다.

이제 본론으로 돌아와서 유전자는 염색체에 들어 있으니 유전자지도를 크게는 '염색체 지도'라 해도 옳다. 염색체의 어느 부위에 어느 유전자가 있나를 찾아내고, 그 유전자가 어떻게 작용하는가 하는 생리 과정을 밝혀내어 병을 예방하거나 유전자 치료도 하는 것이 게놈계획의 궁극적인 목적이다. 게놈계획은 그 외에도 인간의 기원이나 기원전 인구의 질병 등 순수과학 분야에도 크게 공헌할 것이다.

또 감식에도 응용하고 있으니 그것이 '유전자 지문 분석' 또는 'DNA 지문 분석'이라는 것이다. 피의 혈구나 침(침 속에 산 세포가 들어 있다), 머리카락 뿌리에서 핵DNA나 미토콘드리아DNA의 염기순서를 분석하여 비교하면 유전자의 같고 다름을 1만분의 1의 확률로 정확하게 판별할 수 있다. 유전자(DNA의 염기서열)란 그 사람의 얼굴이 다르듯이 다 달라서 비교가 가능하다.

그런데 이런 게놈 연구는 사람말고도 특히 실험 대상 동물에서 많이 하고 있다. 대장균(Escherichia coli)이 제일 많이 연구되었고 초파리도 상당히 연구되었으며 근래에는 선충류인 카이노르하브디티스 엘레간스(Caenorhabditis elegans)가 각광 받는다. 이 선충은 길이가 1밀리미터로 959개의 체세포, 302개의 신경세포(뉴런)로 되어 있는데 유전, 발생 실험 및 게놈 연구에 많이 쓰인다. 척추동물 중에는 복어 일종인 푸구스 루비페스 루비페스[*Fugus rubipes rubipes*]를 활발하게 연구하고 쥐도 많이 연구하고 있다.

인간게놈계획은 방대한 연구로 인력과 돈, 시간이 엄청나게 드는데 미국에서 시작(15년 계획)하여 영국, 프랑스, 일본이 참여하였으며 시간이 가면서 국제기구를 만들기에 이르렀으니 그것이 인간게놈기구(HUGO)다. 미국, 유럽, 태평양 지역 3곳에 센터가 있고 우리나라는 태평양기구에 동참하고 있다. 이런 기구도 들여다보면 국력과 참가권이 비례하고 있어서 '과학은 국력'이란 말이 실감난다.

컴퓨터를 이용하고, DNA 염기순서의 자료를 인터넷을 통해 그때그때 알아내 정리하며, DNA 분석기술이 일취월장하여 지금은 공장에서 기계를 찍어내듯 대량화하고 있어 게놈계획은 낙관적이다.

그런데 '과학'은 언제나 양면성이 있어서 인간게놈계획도 우려의 소리가 없는 것은 아니다. 보험회사가 한 개인의 유전자를 알아내어(머리카락 하나만 몰래 얻으면 분석이 되니까) 보험 가입 여부를 결정한다거나(암인자를 가진 사람은 거부할 수 있다), 국가가 옛날의 미국, 독일처럼 우생학을 사람에 적용시켜 악성인자를 가진 사람을 거세시켜 도태시킨다거나 위기종에 몰린 원주민들을 전멸시킨다거나, 기업이 어떤(좋든 나쁘든) 유전자를 특허 명목으로 독점하여 사용료를 요구하는 등의 폐해가 없으란 법이 없기 때문이다.

어쨌든 현대과학이 가상을 실현하는 지경에까지 와 있는 것은 사실이다. 그래서 보통 사람들에게는 난해하겠지만 살짝 이런 글도 소개해 봤다.

생물도 미래를 대비한다

사람의 직업이 다양하듯이 생물들의 종족 번식을 위한 양태도 가지각색이다. 식물이나 동물이나 대부분 암수가 따로 있으며 그것들이 결합하여 후손을 남긴다. 그러나 암수가 따로 없이 한 개체가 암수기관을 다 가지고 있는가 하면 수놈 없이 암놈이 혼자서 새끼 낳고 살아가는 것도 있다. 이렇게 생물들마다 똑같은 것이 없이 다 다른 것을 '생물의 다양성'이라 하는데 이것은 분명히 생존에 유리하게 적응한 결과다.

먼저 암수가 생겨 난자, 정자가 수정되는 유성생식은 간단하게 말해서 악조건의 환경에 처했을 때 살아남기 위한 수단이다. 다섯 아이를 낳았을 때 얼굴은 물론이고 성질이나 적성이 다 달라(이것을 '변이'라 한다) 나중에 각자 다른 직업을 가져 한 아이가 실직하더라도 다른 아이는 되레 호경기를 타니 적자생존의 논리로 보면 부모 입장에서는 종족 보존을 하게 되는 셈이다. 한마디로 유성생식은 많은 변이를 일으켜 그 중에 반드시 살아남는 후손이 생겨난다는 장점이 있다. 물론 다음에 설명하려는 처녀생식에 비해서 암수가 서로 만나 교미하고 새끼를 쳐야 하니 힘이 많이 들고 시간의 허비도 많지만 말이다.

그러면 처녀생식은 어떤 생식일까? 주로 무척추동물인 진딧물, 개미, 벌 등에서 관찰되는데 암컷이 난자를 만들면 그 난자가 곧바로 새끼로 바뀌고 그것이 커서 또 알을 낳는 생식방법이다. 수컷 없이 전적으로 암놈만 있는 경우가 있는가 하면(감수분열을 하지 않아 염색체를 모두 갖는다), 꿀벌처럼 감수분열을 한 난자(염색체가 반수다)가 혼자 발생을 하여 수벌이 되는 경우도 있다.

진딧물은 봄, 여름 철에 낳은 알이 모두 암놈이 되고 그것들이 또 알을 낳아 대니 결국은 수놈이 없기 때문에 번식 속도가 2배로 증가한다. 말 그대로 기하급수로 는다. 처녀생식의 근본 목적은 유성생식과 달리 에너지와 시간을 절약하여 개체를 빨리 그리고 많이 늘려 가는 데 있다.

진딧물은 감수분열을 하지 않기 때문에 진딧물의 암놈과 그 새끼는 유전적으로 전혀 차이가 없는 '돌리'처럼 '복제 진딧물'이다. 그러나 앞에서도 말했지만 처녀생식을 하는 놈들은 변이체가 없기 때문에 작은 환경 변화에도 모두 멸종될 위험이 있다. 그래서 생물들은 모두 '다양한' 장치를 마련해 미래를 대비한다.

꿀벌 이야기를 보태면 여왕벌이 감수분열을 하여 염색체가 반밖에 안 되는 반수체인 난자를 만드는데(앞의 진딧물의 알은 배수체임) 이 난자가 수벌의 정자와 수정이 되면 일벌이나 여왕벌이 되고 그렇지 않으면 반수체인 수벌이 된다. 수벌은 일벌이나 여왕벌보다 염색체 수가 반밖에 되지 못하여 정자도 반수이다. 정자만 공급하기 때문에 절대로 많이 태어나지도 않는데 그마저도 봄에 교미가 끝나면 일벌들이 모두 쫓아내거나 물어 죽인다니 수벌의 신세는 참

불쌍하고 처량하다.

척추동물 중에서 유일하게 처녀생식을 하는 놈이 있다. 미국 남서부와 멕시코에만 사는 회초리꼬리도마뱀(Whiptail lizard, 필자가 붙인 우리말 이름)은 이상하게 고등동물이면서도 수컷이 없고 암놈만 존재한다. 암놈이 알을 낳고(진딧물처럼 배수체의 알이다) 그 알이 부화되어 또다시 암놈이 된다.

처음에는 이것들이 처녀생식을 하는지 몰라서 잡아와서 사육해 봤는데 1960년대 초에야 이놈들의 정체가 밝혀졌다. 그런데 실험실에서 산란까지는 성공하였으나 알이 잘 썩고 부화를 시켜도 새끼가 곧바로 죽어 버렸다. 나중에 모든 조건이 완전하여도 자외선이 없으면 안 된다는 사실을 알아냈다. 즉 비타민 D가 합성되어 일어나는 칼슘 대사에 자외선이 필요했던 것이다.

이놈들을 7대까지 계속 키워 봤더니 모두 암놈이었다. 수놈은 한 마리도 태어나지 않았다. 나중에 알아낸 것은 모두 12종이 이렇게 단성(單性)인데 이것들 모두가 몸 색깔이나 크기(비늘까지도) 등이 어미와 같았고, 쌍둥이 사이에 세포이식이 잘되듯이 이식 시에 거부 반응이 없었으며, 염색체도 모두 3배체(3n) 상태였다. 또 전기영동을 하여 단백질 패턴을 봐도 모두 같았으며 성기(性器)에도 차이가 없었다. 종을 판별하는 여러 조건에 모두 일치했다는 것이다.

그런데 자연 상태에서는 다른 양성(암수가 따로 있는) 수놈과 교미하여 잡종이 나오는데 잡종 새끼 중에서 수컷은 모두 도태되어 죽고 암놈만 남았다고 한다. 언제나 그렇듯이 동일종 사이에서 생긴 것이 더 유리한 적응을 하는데 이는 암말과 수당나귀 사이에서 태어난 잡종 노새가 새끼를 못 낳는다는 사실에서도 알 수 있다. 같은 종이 아닌 것들 사이에서 새끼가 태어나는 것을 허락하지 않는 것도 조물주의 조화가 아닌가 싶다.

회초리꼬리도마뱀과 양성 도마뱀을 같이 키웠더니 단성인 것들의 개체 수가 재빠르게 늘어나 양성 도마뱀을 압도하여 몰아내더라는 실험도 있다. 이렇게 종족의 수가 늘어나는 것은 대단히 유리한 적응현상이나 그것은 환경 조건이 변하지 않고 일정할 때의 이야기다. 누차 강조하지만 환경이 갑자기 바뀌면 똑같은 형질(특성)을 가진 이 무리는 전멸할 가능성이 높다. 그래서 길게 보면 양성인 도마뱀보다 불리하다. 멘델의 유전법칙에 따르는 종, 즉 자손이 다양한 형질을 가진 종은 환경 변화로 많이 죽기도 하지만 그 중에서(다양하니까) 살아남는 놈이 생겨나고 그놈이 새 환경에 적응하여 집단을 늘릴 수 있다는 것이다.

생물계를 잘 들여다보면 투쟁, 적자생존, 적응, 변이, 선택과 도태는 물론이고 재(財)도 보인다. 왜? 자본주의의 뿌리는 다원주의에 뿌리를 두고 있기 때문에 그렇다. 그래서 생물계에서 삶의 지혜를 많이 얻는다.

밍크 코트가 부럽지 않은 동물들의 겨울나기

눈 덮인 밭이나 썩은 낙엽을 들춰 보니 청색을 잃어 버린 검은 회색의 청개구리 놈이 꽝꽝 얼어 있다. 네 다리는 빳빳하게 굳어 나무 토막 같고 눈알은 기를 잃어 희뿌옇다. 바늘로 쿡쿡 찔러도 아무런 반응이 없다. 말 그대로 냉동된 시체다. 숨도 쉬지 않고 심장 박동도 없고 동맥을 잘라 봐도 피가 흐르지 않는다. 청개구리는 영하 6도에서 몸의 50퍼센트 정도가 언다니 뱃속에는 얼음 알갱이가 차 있고 심장, 간, 위 같은 내장까지도 얼었겠지만 그래도 활동할 때의 1퍼센트 수준으로 산소가 피부로 들어가 완전히 죽은 건아니다.

온도라는 것이 얼마나 생물들에게 무서운 환경요인인가를 느끼게 하는 예인데 그런데도 생물들은 칼 같은 겨울 추위를 용케도 버틴다. 에너지대사는 0도에서는 보통 때의 100분의 1로, 영하 15도에서는 450분의 1로 줄어든다니 정자은행, 냉동인간이 왜 오래도록 죽지 않고 견디는가를 이해할 것이다.

생물들의 월동은 그저 추위를 이기는 단순한 반응일까, 아니면어떤 유전적인 주기성을 갖는 것일까. 동물들의 월동에 관한 연구

대상 동물로는 단연 다람쥐가 으뜸인지라 한 학자는 한배내기 새끼 5마리를 잡아와서 그것들의 눈을 감기고 어둠과 밝음을 구별 못하게 한 뒤, 적당한 온도에서 먹이를 충분히 주면서 키웠다.

그런데 놀랍게도 들판의 친구들이 월동 채비를 할 때면 녀석들도 먹기를 거부하고 구석에 웅크린 채 누워 겨우살이를 하더라는 것이다. 이러한 행동을 매년 주기적으로 반복했다는 것인데 조상 대대로 내려온 유전인자가 그런 행위를 발현시킨다고 해석된다. 쉽게 말해서 몸 안에 어떤 시계가 있어서 일어나는 행동이라는 것이다. 우리가 밤 몇 시만 되면 잠이 오듯이 말이다.

포유류로는 다람쥐와 함께 곰, 박쥐도 중요한 연구 대상이나 다람쥐가 실험하기 좋아 많은 연구 결과가 나와 있다. 다람쥐는 가을에 열심히 먹이를 모아 두는데 실제로는 겨울에 거의 먹지 않는다(보통 때의 5퍼센트 정도 섭취한다). 이 때문에 봄이 되면 체중이 40~50퍼센트로 줄어든다.

동물들에게 겨울은 모질고 참 매서운 계절이다. 지역에 따라 다르지만 보통 동물들은 80~150일간 월동을 하는데 심장박동이 1분에 500번이던 것이 2도에서는 20번으로 떨어진다고 한다. 대사율이 그만큼 떨어진다는 것이다.

다람쥐뿐만 아니라 모든 동물들은 천고마비라는 가을에 많이 먹어서 몸에 특히 기름기(지방)를 많이 저장하는데 탄수화물이나 단백질은 1그램이 산화될 때 4.6칼로리가 나오지만 지방은 약 2배인 9.3칼로리가 나오니 저장물질로는 지방이 단연 으뜸이다.

여기에 검은곰(흑곰)의 월동 이야기를 덧붙여 보자. 10월 말에 자기 시작하여 4월이 되어서야 잠을 깨는 이놈들은 월동 기간에는 아무엇도 먹지 않고 마시지도 않으며 대소변도 일체 보지 않는다. 그러면서도 그 와중에 굴속에서 새끼를 낳으니 처절한 생활이 아닐 수 없다.

25~40그램의 새끼는 4월에 굴을 나올 때 체중이 4, 5킬로그램으로 늘어난다니 어미는 죽을 맛이다. 월동 기간에 체온이 31~35도로 조금 내려가고 50~60번 뛰던 맥박도 8~12번으로 줄어드는데 이런 현상들이 청개구리나 다람쥐와는 비교가 되지 않아 '월동'이라는 말을 붙이지 말아야 한다는 주장도 있다.

곰도 거의 지방을 분해하여 에너지(열)를 얻어서, 동면하는 동안 누는 똥엔 단백질에만 들어 있는 질소 성분이 전혀 없다. 일부 질소는 간에서 요소가 되어 소변으로 나가는데 월동 기간에는 소변의 요소까지 모두 재생하여 쓰기 때문이다.

생물들이 영하의 온도에서도 얼어죽지 않는(세포가 터져 죽지 않는) 이유를 들여다보자. 보통 포유류의 세포가 얼어죽는 온도에서 청개구리 같은 월동 생물은 끄떡없이 견디니 무슨 능력 때문일까?

많은 곤충들도 겨울이 되면 개구리처럼 초냉동 상태로 들어간다. 다시 말해서 냉동 상태로 들어가 1퍼센트 정도의 물질대사만 일어나기 때문에 생명을 100배 정도 연장하게 된다. 동면(냉동)은 영생(永生)으로 가는 가장 빠른 길이다. 곤충이나 개구리가 초냉동 상태가 되면 글리코겐이 분해되어 포도당이 만들어지고(개구리에게서는 인슐린 분비가 증가한다) 이것이 산화되어 열이 난다.

이때 글리세롤(glycerol)이나 소르비톨(sorbitol) 같은 물질을 축적하여 어는 점(빙점)을 낮추니 이것들이 자동차의 부동액과 같은 역할을 한다. 바닷물이 잘 얼지 않는 것은 물에 소금이라는 용질이 녹아 있어 그렇듯이 핏속에 고농도의 물질이 녹아 있어서 피가 어는 것을 막는 것이다.

세포가 얼면 세포막이 터지고 탈수가 일어나며 삼투압의 불균형 등으로 조직이 죽게 되니 사람의 귀나 손발의 동상이 바로 이런 현상이다. 결국 생물들은 세포 속에 '부동액'을 집어넣어 빙점을 낮추고 삼투압(농도)을 높여 세포에서 물이 빠져 나가지 않도록 하여 효소 기능을 유지시키고 세포막을 보호한다. 특히 곤충들은 핏속의 단백질 농도를 높여 빙점을 떨어뜨리고 내장도 모두 비워 얼음이 얼 여지를 없애 버린다니 참 오묘하게 추위에 적응한다.

소나무나 잣나무 같은 침엽수들도 세포막이 터지는 것을 막으려고 동물과 유사한 반응을 일으키는데 세포와 세포 사이에는 얼음 결정이 쌓이나 세포 안은 용케도 얼지 않게 한다. 식물의 씨앗이 겨울에 얼어 터지지 않고 다음 해 싹을 틔우는 것은 씨앗 자체에 물이 거의 없어서 결빙으로 인해 물의 부피가 늘어나 세포막이 터지는 것을 예방했기 때문이다. 이런 식물들의 삶의 장치 또한 얼마나 오묘한가.

아무튼 겨울에는 우리 몸에서도 열이 많이 빠져 나가기에 옷을 겹겹이 입고 먹는 것도 더 많이 먹어 줘야 한다. 알고 보면 우리도 다른 생물들처럼 월동 아닌 월동을 한다는 사실을 잊지 말자.

복제양 '돌리'의 탄생

　　인간 보푸라기들이 신의 창조력에 도전해서는 안 된다고 온통 야단들이다. 인간(과학)의 오만함이 정도(正道)를 넘어섰다는 지적인데 맞는 말이다. 그러나 과학이란 칼의 양날과 같아서 잘만 쓰면 편하고 유익하다.

　복제인간 이야기를 하기 전에 자연 상태에서 일어나는 몇 가지 현상을 먼저 보자. 일란성은 한 개의 난자가 수정란이 되어 계속 난할을 해야 할 것이 어떤 원인으로 2개의 세포(2세포기)가 되었을 때부터 그만 잘려 나가 따로 커서 유전적으로 똑같은 쌍둥이다. 그런데 이때 2개의 세포(할구)가 떨어져 나가다가 역시 어떤 원인으로 일부가 마저 분리되지 못하고 어깨, 머리, 등이 붙은 것이 샴쌍둥이인데 몸통 아래는 같으나 머리가 2개인 아이가 태어나기도 한다.

　이렇게 일란성 쌍둥이가 자연 상태에서 생긴 복제인간이라는 것을 생각하면서 이 글을 읽으면 쉽게 이해할 수 있다. 시험관에서 난자와 정자를 수정시켜 대리모의 자궁에 넣어서 쉽게 아이를 낳으니 그것이 시험관아이다. 2세포기 때 따로 떼 내어 두 대리모에서 키웠다면(이 실험은 금지되었다) 그것이 곧 일란성 쌍둥이 아닌가. 이미 슈

퍼소 수정란의 4세포기나 8세포기 때에 그것들을 하나하나 따로 분리시켜 송아지를 쌍으로 얻고 있다. 그리고 흔히 사진에서 보는 붉은털원숭이 네티(Neti)와 디토(Ditto)도 생식세포(배세포)를 조작해서 얻은 일란성 쌍둥이다. 여기까지는 새끼들끼리 모두 닮았다는 것인데 이와는 달리 근래에는 어미와 새끼가 **빼닮은** 생명체(양)를 만드는 실험이 각광을 받고 있다.

이에 관한 대표적인 실험이 바로 윌머트(Ian Wilmut)가 양 돌리(Dolly)를 탄생시킨 것이다. 생식세포(배세포)는 분화가 일어나기 전이라 발생 조작이 쉬워 복제가 가능하나 6살이나 된 어미의 체세포(젖샘세포)에서 새 생명을 탄생시킨 것은 예사로운 일이 아니라서 이 실험은 과학계를 놀라게 했다. 이미 발생이 끝난 체세포는 다시 유전자 발생을 하지 못한다고 믿었던 터라 더욱 그러했다.

그러면 이 실험 과정을 순서대로 한번 보자. ①암양의 미수정란(난모세포)의 핵을 제거하고(세포질만 쓴다), ②세포분열을 정지시키기 위해 1주일을 굶긴 젖샘세포의 핵을 떼 내어(세포질을 버린다) ①의 세포질 가까이에 이 핵을 놓고, ③가벼운 전기를 단속적으로 가하면서(세포질이 핵을 받아들였다), ④세포분열을 촉진시키기 위한 화학물질을 첨가하여, ⑤1주일 후에 대리모의 자궁에 넣어 착상시킨다.

이렇게 해서 어미와 새끼가 유전적으로 꼭 닮은 돌리가 태어났다. '7일을 굶기고', '7일 후에 대리모에게 옮기고' 했다는데 성경 「창세기」에 나오는 7일이 연상돼 재미있다. 윌머트는 이 실험에 네 사람만 참가시켜 비밀리에(말썽이 날 것을 예견하여) 실험을 진행했고 277번을 시도하여 돌리를 얻었다. 핵을 받아들여 6일 이상 발생하는 배 29개를 얻었으나 모두 새끼를 얻는 데는 실패했다. 이미 6년이나 늙은 어미 세포에서 핵을 떼 왔고 조작 과정에서 DNA 손상도 있었을 터라 과학계는 돌리가 그렇게 오래 살지 못할 것으로 예견했다. 그러나 돌리는 예상을 깨고 7년(2003년 2월에 죽음)이나 살았다.

비록 복제 실험은 실패로 끝났지만 과학은 잘 쓰면 유익한 것이라 이 실험은 품종개량(식량 문제), 위기종의 종 보존 등에 무한한 공헌을 할 가능성이 있으니 과학의 진행은 막지 말고 이에 따른 부작용을 제거하는 장치를 마련하는 것이 바람직하겠다.

복제양 실험은 인간에게도 직접적인 영향을 미친다는 점에서 조금 더 살펴볼 필요가 있다. 복제란 말은 본디의 것과 똑같은 것을 만듦을 의미하는데, 자식들끼리 닮는 것과 부모와 자식이 닮는 두 측면에서 바라보아야 혼란스럽지 않다.

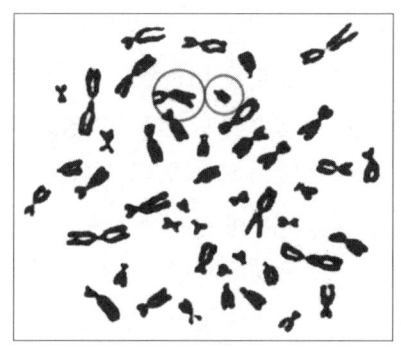

왼쪽 동그라미 안은 X염색체이고, 오른쪽 동그라미 안은 Y염색체이다.

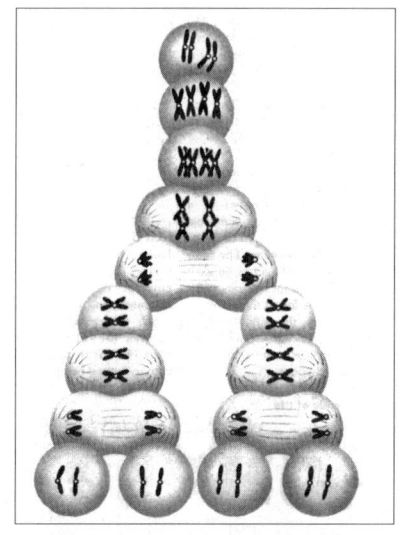

부모에게서 자식에게로 유전 정보를 전달하는 생식세포의 생성 과정.

이미 우리는 전자의 복제인간은 많이 봐 왔고 이 글을 읽는 독자

중에도 있다. 말하자면 일란성 쌍둥이가 복제인간이란 것이다. 이 원리를 이용하여 실제로 쌍둥이 송아지를 얻고 있으니, 우량종인 암소의 난자와 수소의 정자를 시험관에서 수정시켜 2세포기나 4세포기 때 세포 하나하나를 떼 내어 대리모 소의 자궁에 여러 개를 집어넣어 쌍둥이 소를 얻는다. 이 실험은 생식세포(난자, 정자)에 관한 것이다.

그러나 복제양은 체세포(젖샘세포)를 썼다는 점에서 이것과 다르고 앞의 설명에서 후자인 어미와 자식이 꼭 닮는다는 예다. 쉽게 말해서 복제양 '돌리'는 어미의 젖샘세포의 핵을 떼 내어 핵을 제거한 난자에 집어넣고 대리모의 자궁에 착상시켜 어미와 똑같은 새끼를 얻은 것이다.

여기서 젖샘세포를 썼다고 했는데 이론적으로는 손바닥이나 간, 창자 등 어느 기관의 세포를 써도 된다. 어느 세포나 모든 세포의 핵 속에는 46개의 염색체가 있어서 앞에서 설명한 방법으로 하면 지금의 필자와 똑같은 사람이 복제된다는 것이다.

무서운 일 중 하나는 남자가 필요 없는 세상이 올지도 모른다는 것인데 자식이 필요하면 몸의 세포(체세포) 하나를 뚝 떼어 내 난자에 집어넣고 자궁에서 키우면 되니 말이다. 게다가 어느 실험실에서는 운동 잘하는 사람, 머리 좋은 사람을 만들어 낸다고 생각하면 섬뜩하기 짝이 없다.

복제양 탄생은 우연이 아니라 지금까지의 발생학(생물학) 연구를 집대성한 하나의 개가요, 금자탑이랄 수 있다. 인구는 늘어나고 먹을 것은 부족하니 동식물의 품종 개량은 물론이고 공해나 남획으로 사라져 가는 위기종을 보존하는 데도 이 기술은 필요하다. 단지 인간의 '억지'만 없다면 말이다.

생식세포

　말 그대로 생식에 관여하는 세포를 생식세포라 하는데 이것과 상대되는 말이 체세포다. 생식세포를 배우자세포라고도 하는데 난자와 정자는 모두 만들어지는 과정에서 염색체가 반으로 줄어드는 감수분열을 한다는 것이 특징이다. 사람의 경우 난자와 정자의 염색체가 모두 23개씩이고 체세포는 46개다. 난소와 정소 그 자체는 체세포로 46개의 염색체를 가지나 그것에서 만들어진 생식세포는 염색체 수가 반으로 줄며 반수인 이것들이 수정되면 다시 46개로 환원된다. 그래서 우리 몸은 거의가 체세포로 구성되어 있다.

자연의 경고 '엘니뇨'

지구의 종말이 오는 것일까? 비가 와야 할 곳에는 한발이 들고 가물어야 할 곳에는 폭우가 쏟아진다. 북한은 가물어 종자 건지기도 어려울 지경인데 유럽은 200년 만의 대홍수로 난리가 났다. 지구의 변화가 순탄치 않아 생물의 종 수가 멸종 직전에 놓여 있다.

엘니뇨현상이란 말에 이제는 익숙하니 이것의 정체를 찾아보도록 하자. 먼저 엘니뇨라는 말은 '사내아이'라는 뜻이다. 중남미 페루나 에콰도르 해안에 때때로 12월 크리스마스 때쯤이면 원래는 냉수대가 형성되어야 하는데도 온수대인 동남 해류가 흘러 물고기(특히 멸치 무리)가 잡히지 않으니 이때면 어부들은 그 못된 것이(엘니뇨) 온다고 비명을 질렀다고 한다. 이러니 엘니뇨는 좋은 뜻이 아니다.

다음에 상술하겠지만 원래 겨울철에 이곳은 물이 찬데 그것은 북향하는 페루 해류 때문에 표층의 물이 먼 바다로 밀려 가는 대신 바다 밑의 찬물이 솟아오르기 때문이다. 이때 그 물에 녹아 있던 풍부한 양분(인산, 질산 등)도 같이 바다 표면으로 올라온다. 이 비료 때문에 식물성 플랑크톤이 번성하고(이것들을 먹는 동물성 플랑크톤도 갑자기 늘어난다) 이것들을 먹으려고 물고기가 몰려온다. 엘니뇨가 세계 제일의 멸치 어장을 망쳐 놓으니 어부들의 입에서 좋은 말이 나올 리가 없다. 그것도 12월 한 달로 그치지 않고 다음 해 3, 4월까지 행패를 부리니 더더욱 그렇다. 엘니뇨가 오면 어획량이 줄어 이것으로 만드는 사료값이 올라감은 물론 사료용 콩 값까지 덩달아 오른다고 한다.

그러면 먼저 엘니뇨현상이 일어나지 않은 정상 상태에서는 어떤 기후, 기상 현상이 나타나는지 보자. 적도 근방의 태평양에서는 남미 페루 쪽에서 적도를 타고 저기압 중심이 있는 서쪽(인도네시아 쪽)으로 부는 무역풍이라는 특이한 기상현상이 나타나는데 이 바람은 인도네시아 근방에서 편서풍과 만나 몬순(monsoon)이라는 큰비를 내린다.

이때 무역풍의 힘이 대단히 커서 바닷물을 서쪽으로 밀어붙여 서쪽의 수위가 동쪽보다 60센티미터나 높아진다. 이로 인해 페루 쪽 바다 밑의 냉수가 올라오고 이때 아래에 녹아 있던 유기물도 함께 딸려 와 플랑크톤의 생산이 증가하여 어부들의 어획량이 늘어나는 것이다.

여기에 하나 덧붙이면 적도 근방의 태평양 여름 바다는 위에는 온수대(溫水帶)가, 아래에는 냉수대(冷水帶)가 기름과 물처럼 층을 이루는데 이것을 수온약층(水溫躍層)이라 한다. 보통 때는 수온약층이 무역풍의 영향으로 서쪽은 깊이 200센티미터, 페루 근방은 50센티미터 정도에 분포하는데 무역풍이 불면 동쪽의 수온약층은 더욱 위로 올라온다(냉수대가 온수대를 밀어내고 올라온다). 그리고 무역풍은 북반부에서는 시계 방향, 남반부에는 시계반대 방향으로 분다.

결국 엘니뇨는 이 무역풍의 방향이 깨지는 데서 시작된다. 보통

10월쯤이면 열대지역(적도)의 더운 바람이 반대로 동쪽으로 불게 되어 데워진 바닷물도 동쪽으로 흐르니 이를 '켈빈(Kelvin)파도'라고 한다. 이렇게 되면 동남아시아에 내려야 할 몬순 비가 태평양의 중앙부에 쏟아지고 이 켈빈파도는 12월 말이면 페루 근해에 도달하여 수온약층이 도리어 아래로 밀려 내려가고 온수가 위를 차지하니 영양분이 없는 바다가 된다.

이때 평소에 불어오던 서풍이 켈빈파도를 더 촉진시키기도 한다. 이로 인해 더운 바닷물이 밀려드는 중남미뿐만 아니라 몬순이 사라져 버린 동남아 지역이나 호주, 인도는 한발로 고생을 하게 된다.

그런데 잘 알다시피 바닷물이 데워지면 그 위에 놓여 있던 공기도 데워지고 팽창돼 대기압이 낮아지니 이것이 기압골이다. 기압골이 만든 태풍은 결국 더운 바다의 위쪽에 머무는데 이것이 켈빈파도를 동으로 밀어붙인다. 즉 기압골은 태양을 따라가는 것으로 6~8월에는 북태평양에 기압골이 형성되고 9월이 시작되면 남태평양으로 내려가는데, 북쪽의 태풍은 왼쪽으로 돌면서 이동하고 남쪽의 것은 오른쪽으로 돌아서 둘 다 적도 근방의 해류를 동쪽으로 밀어서 엘니뇨 효과를 배가시킨다. 그런데 이 켈빈파도가 적도에서 멀어지면 멀어질수록 그 힘이 빠져 버리니 이것은 지구의 자전에 따라 생기는 '코리올리의 힘(Coriolis' force)' 때문이다. 쉽게 말하면 켈빈파도와 코리올리 효과는 반비례한다.

이 엘니뇨현상은 먼 옛날부터 일정한 주기로 반복되었다. 어떻게 보면 여성들이 한 달 주기로 겪는 달거리처럼 그 자체가 필요한 일(필요악)로서 지구에 닥칠 더 큰 재앙을 막아 주는 것이 아닌가 싶다. 그런데 사람들은 기후 이야기만 나오면 엘니뇨를 탓하니 지구는 아마도 '뭣도 모르는' 소리 한다고 비웃고 있을지도 모른다. 정확한 기록은 없지만 지구의 기상을 분석했을 때 1957~1958, 1965, 1972~1973, 1976~1977, 1982~1983년에 엘니뇨의 영향이 매우 컸다고 한다. 엘니뇨 연구가 늦어진 것은 해류, 기류 등의 큰 변화가 주로 사람이 살지 않는 태평양(적도)에서 일어났기 때문이다.

이젠 엘니뇨가 얼마나 무서운 것인가 보자. 사람의 체온만 해도 정상 상태인 36.5도보다 1, 2도만 높아져도 큰 탈이 나듯이 지구라는 몸 덩어리도 그렇다. 지구는 항상성(恒常性)을 유지해야 하는데 그렇지 않으면 한발, 홍수, 흉년은 물론이고 그에 따른 인명 피해도 커진다. 1970년에 페루의 멸치 어획량이 1,200만 톤이었으나 엘니뇨가 심했던 1982~1983년에는 겨우 50만 톤이었고, 이 기간에 세계적으로 2,000명의 사람이 죽었으며 홍수, 가뭄 등으로 인한 재산 피해만도 130억 달러에 이르렀다고 한다. 그리고 1997~1998년도 그 주기에 들어가 있어 이때에도 이곳저곳에서 비슷한 현상이 나타났다. 다행히도 우리나라는 엘니뇨를 피했으나 북한의 철원과 고성 접경 지역은 그 영향을 심하게 받았다.

물고기가 잡히지 않는다는 데서 추리해 온 지구의 변화를 이제는 다른 각도에서 연구하고 있다. 바다에는 배나 부이(buoy)를 띄우고 하늘에는 위성을 올려서 해표면 온도, 바람 방향이나 속도 등의 데이터를 얻어서 컴퓨터에 집어넣어 기후(계)의 모델을 만들고 있다. 세계의 기후학자들이 이렇게 애를 쓰는 것은 무엇보다 모델을 만들어서 미리 기상 예보를 하여 가능한 한 엘니뇨의 피해를 줄이자는 데 있고 실제로 그것은 가능하다.

그런데 문제의 지역인 페루 해역의 수온은 올라갈 때(엘니뇨 상태)

도 문제지만 겨울에 가끔은 수온이 너무 내려가 문제가 되기도 한다. 큰 엘니뇨가 지나가고 나면 이제는 그 반대현상인 라니냐(계집아이란 뜻으로 엘니뇨의 사내아이란 말에 대응해서 붙여진 이름이다)현상이 찾아온다. 이제 곧 추위에 고생할 때가 올 것이다.

그러면 지구가 왜 이렇게 변덕을 부리는가? 정확한 답이 아직은 없다. 그저 이때 갖다 붙이는 것이, 온실가스인 이산화탄소로 일어나는 지구의 온난화 때문이라는 추측이다. 애꿎은 이산화탄소만 또 매를 맞는다. 물론 그것의 영향을 무시하거나 과소평가할 것은 못 된다.

어머니 지구는 지칠 대로 지친 것일까. 그녀의 피(바람, 해류)가 거꾸로 흐르고 있다니 말이다. 하기야 세계 인구가 60억 명에 육박한다니 그럴 만도 하다. 새끼는 많은데 젖은 모자라니……

지구의 항상성을 위협하는 산성비

해 질 무렵 저 멀리 호수나 강가에 가득 찬 푸르스름하고 흐릿한 기운을 '이내'라 하고 공기 중의 수증기가 차가운 공기를 만나 미세한 물방울이 되어 땅 위에 연기처럼 뿌옇게 떠다니는 것을 '안개'라 한다.

그런데 안개를 닮은 구름, 안개구름을 이유는 잘 모르겠으나 성교(性交)에 비유해 '안개구름 끼다' 하면 그것이 '성교하다'라는 뜻이다. 보통 남녀 간의 육체적인 사랑을 운우지정(雲雨之情)이라 하는데 안개와 구름이든 구름과 비든 간에 서로의 육체가 섞여 흐릿하고 뿌연 오리무중(五里霧中) 상태가 된다고 그렇게 표현하지 않았나 싶다.

이야기가 삼천포로 빠져 버리고 말았는데 어쨌거나 이른 아침 냇가나 강가에서 흐물거리는 안개 덩어리는 한껏 겨울의 정취를 돋워 준다. 하지만 이 액체 입자에 고체 알갱이인 연기가 녹아들면 이것이 연무(煙霧)요, 영어로는 연기(smoke)와 안개(fog)를 합친 스모그(smog)다.

시골 강둑의 농짙은 안개 속에서는 숨 쉬기가 가벼우나 도시의 연무는 매캐하고 코와 목의 점막을 콕콕 아프게 찌른다. 그런 것을 뻔히 알면서도 많은 무리가 인간시장을 떠나지 못하고 이렇게 불쌍하게 살아간다.

그런데 저 하늘 높이 대류권(10~12킬로미터)까지 올라간 공장 굴뚝이나 자동차에서 뿜어져 나온 황이나 질소화합물질들이 그곳의 구름 방울에 녹아서 떨어지는 산성비는 도시, 농촌을 구별 않고 쏟아져 내린다.

겨울에는 산성비가 아닌 산성눈이 되어 연무와 함께 대지를 덮으니 나무, 풀은 말할 것 없고 흙 속의 곰팡이, 세균도 이 식초 맛에 오만상을 찌푸린다. 비나 눈에 녹아내린 오염물들이 강물은 물론이고 흙에도 스며들어 토양 생태계에도 혼란을 초래하기에 이르렀다. 문명 덕에 물질은 조금 얻었으나 자연을 잃고 말았으니 아쉬울 뿐이다.

산성비라는 것이 어떻게 만들어지는가를 보자. 크게 보아 산성비는 숲의 나무를 죽이고 지하수를 못쓰게 만들고 건축물이나 조각물을 부식시키니 신경을 쓰지 않을 수가 없다. 산성비는 화석 연료인 기름이나 석탄을 태웠을 때 만들어진다. 미리 말하지만 산성비뿐만 아니라 산성안개도 문제다.

아무튼 공장이나 저 많은 자동차가 쏟아 내는 매연물질(황화물과 질소화합물에 초점을 맞춰 보자)이 바람대류를 타고 30킬로미터 높이까지 날아올라 거기에서 오존(O_3)과 만난다.

오존은 탄소, 질소, 황화합물을 만나 산소와 불안정한(다른 물질과 결합하려는) 산소(O)로 바뀌어 바로 옆에 있는 물과 결합하여 2HO가 된다. 이것은 바로 가까이에 있는 질소화합물인 이산화질소(NO_2)

와 결합하여 질산(HNO₃)이 되고 또 황화합물인 이산화황(SO₂)과 결합하여 황산(H₂SO₄)이 된다. 이제 산성비가 산성을 나타내는 정체(正體)를 찾아냈으니 그것이 질산과 황산이라는 것이고 이것들 때문에 초맛을 내는 신비가 내려서 머리털이 빠지는 것이다(과학적 근거는 확실치 않다).

우리는 산성비에만 신경을 쓰고 있는데 앞의 글을 잘 뜯어보면 오존층의 오존이 매연물질과 자꾸 결합되어 오존층이 점점 얇아지고 심하면 커다란 구멍까지 날 수 있다는 데 동의하게 된다. 오존층 문제로 또 세상이 시끌벅적하지 않은가.

엎친 데 덮친 격이요, 일거양실(一擧兩失)로 매연물질들이 산성비를 내리게 하고 또 오존층까지도 망가뜨리고 있다. 보통 여객기들이 7~12킬로미터 상공을 나는데 그보다 30킬로미터 더 위쪽에는 오존이란 가스가 층(띠)을 만들어 지구를 둘러싸고 있으니 이것이 오존층이다. 오존층은 태양광선 중 파장이 가장 짧은 자외선을 흡수하는 중요한 구실을 한다.

자외선은 부족해도 탈이요 과해도 탈이라 없으면 온 세상이 세균으로 득실거리고 살갗에서는 비타민 D가 만들어지지 않으며 과하면 눈알에 백태가 끼는 백내장을 유발하고 피부에 거뭇거뭇한 피부 암도 퍼지게 한다.

산성비의 실체인 황산을 국어사전에서 찾아보니 "무색무취의 끈끈한 기름 모양의 액체로 질산 다음가는 산성을 띠며 백금을 제외한 모든 금속을 녹이고 다른 유기물이 닿으면 까맣게 바꾼다."라고 되어 있다.

그래서 우리도 강한 황산, 질산, 염산을 실험에 쓸 때는 아주 조심스럽게 다룬다. 손에 닿으면 손의 단백질이 노랗게 타기 때문이다. 강한 염산으로 타일 바닥을 닦는 것도 유기물(때)을 녹이는 강산의 성질을 이용하는 게 아닌가.

산성비가 그렇게 강산이었다면 지구에 남아나는 게 없을 뻔했다. 그렇다고 무시할 정도로 비의 산성도가 낮은 건 아니다. 처음 내리는 비는(비가 많이 오면 매연물질이 다 녹아내려 비의 산도는 높아지고 대기는 맑아진다) 산성도(pH)가 4에 가까워 묽은 식초 맛을 낸다. pH의 값이 4→3→2→1로 낮아질수록 산도(酸度)는 높아지는데 pH7이 중성이고(pH 범위는 1~14) 그 이상의 값은 알칼리성을 나타낸다.

분명한 것은 지구는 하나라서 우리나라 전체가 중국의 공장 연기에 영향을 받고 필자가 사는 춘천만 해도 서울 공해물이 고스란히 내려앉는다. 어디 안심하고 살 곳이 없다. 특히 춘천은 물의 도시요 안개 도시라 저 안개에 가정, 학교, 자동차 배출물이 흠뻑 녹아 있어서 산성안개의 피해가 저울로 잴 수는 없어도 상당할 것이다.

산성비가 사람에게 어떤 해를 끼치는가는 제쳐놓고 그것이 식물에게 어떤 해를 주는가만 몇 가지 살펴보자. 옛날에도 화산 폭발 때 생긴 화산재나 세균이 분해돼 생긴 가스로 산성비가 내렸었다는 것도 참고하면서 보자.

보통(정상) 비는 pH5를 표준으로 잡는데 우리나라의 공단에서는 (물론 공단에 따라 다 다르다) pH가 4.2까지도 내려간다. pH5와 4.2가 무슨 대수냐 하겠지만 0.1만 차이가 나도 생물의 항상성에 큰 타격을 준다.

이런 산성비가 흙에 스며들면 첫째, 토양에서 알루미늄 같은 이온(물질)이 씻겨 나가 뿌리에서 칼슘 이온을 충분히 빨아들이지 못해 식물은 영양 결핍에 빠진다.

둘째, 잎에서도 칼슘, 칼륨, 마그네슘이 녹아내려 역시 식물이 영양 결핍에 빠진다.

셋째, 흙에 살고 있는 많은 미생물(세균, 곰팡이 등)이 죽어 버려 흙의 유기물(거름이 됨)이 분해되지 못해 땅이 척박해진다.

넷째, 식물 뿌리에 붙어 병원균의 침입을 막아 주고 뿌리가 물과 양분을 흡수할 수 있도록 도와 주는 근균(根菌) 무리가 죽어 식물체가 세균의 침해를 받는다(흙에는 여러 종류의 곰팡이, 세균, 방선균이 있는데 이것들이 다른 생물을 죽이기 위한 항생제(물질)를 분비한다. 그래서 칼이나 낫에 손가락이 베이면 흙을 바른다).

다섯째, 산성비가 잎의 밀랍층을 파괴하여 수분이 증발하기 때문에 자외선을 많이 받아 엽록소가 파괴된다.

여섯째, 잎이 산성화되어 식물이 시도 때도 구별 못하고 질소대사를 계속하는 등 월동 준비를 늦게 해(물 빼내기가 늦어져서) 추위가 닥쳤을 때 세포 안에 얼음 알갱이가 생기고 이로 인해 세포가 터져 죽는 일이 일어난다. 겨울을 나려면 소나무는 잎에 고농도 당이나 여러 가지 아미노산인 '부동액'을 넣고 최대한 물을 적게 해서 얼어 터짐을 막아야 하는데 말이다. 가을이 오면 소나무 따위의 침엽수는 겨울나기 준비로 뿌리나 잎에서 물을 밖으로 내보내는 추위 다지기를 하는데 특히 뿌리에서는 질소 성분을 적게 빨아들이는 게 원칙이다.

실제로 이런 산성비의 부작용으로 독일에서는 지난 20년간 일부 고산지대 침엽수의 50퍼센트가 죽어 버렸고 살아 있는 것들도 성장이 느려져 나이테의 증가가 둔화되었다고 한다. 우리나라에서도 공단 근방의 소나무가 말라 죽고 있다.

풀이나 나무가 죽어 버린 곳에 오염에 강한 대체식물을 심으려는 연구가 있을 정도이고 보면 피해 정도가 우리의 상상을 초월한다 하겠다. 다른 동식물처럼 지구를 떠날 수도 없고.

권오길

　오묘한 생물체계를 체계적으로 안내하며 일반인들에게 대중과학의 친절한 전파자로 신문과 방송에서 활약하고 있는 저자는 경남 산청에서 태어나 진주고교, 서울대 생물학과와 같은 대학원을 졸업했다. 이후 수도여고·경기고교·서울사대부고 교사를 거쳐 강원대학교 생물학과 교수로 재직했으며, 현재 강원대학교 명예교수로 있다. 1994년부터 〈강원일보〉에 '생물이야기'를 비롯해 2009년부터 〈교수신문〉에, 2011년부터 〈월간중앙〉에 칼럼을 연재하고 있다.

　청소년을 비롯해 일반인이 읽을 수 있는 생물 에세이를 주로 집필했으며, 글의 일부가 중학교 2학년 국어 교과서('사람과 소나무')와 초등학교 4학년 국어 교과서('지지배배 제비의 노래')가 실리기도 했다.

　지은 책으로는 1994년 『꿈꾸는 달팽이』를 시작으로 『인체기행』『생물의 죽살이』『개눈과 틀니』『손에 잡히는 과학교과서 동물』『흙에도 뭇 생명이』『괴짜 생물이야기』『생명교향곡』'우리말에 깃든 생물이야기' 시리즈 등 40여 권이 있다. 2000년 강원도문화상(학술상), 2002년 한국간행물윤리위원회 저작상, 2003년 대한민국과학문화상, 2016년 동곡상(교육학술 부문) 등을 수상했다.

>>> 권오길 교수의 생물 에세이

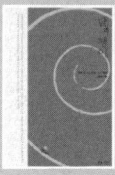

달과 팽이
국판변형 | 240쪽 | 12,000원

바다를 건너는 달팽이
국판변형 | 240쪽 | 12,000원

한국과학문화재단 추천도서 | 경영자독
서모임(MAS) 선정도서

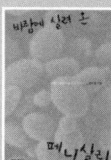

바람에 실려 온 페니실린
국판변형 | 272쪽 | 12,000원

책따세(책으로 따뜻한 세상을 만드는 교사
들) 추천도서

생물의 다살이
국판변형 | 256쪽 | 12,000원

한국과학문화재단 추천도서 | 한국간행
물윤리위원회 추천도서

열목어 눈에는 열이 없다
국판변형 | 248쪽 | 12,000원

한국간행물윤리위원회 청소년 권장도서

생물의 죽살이
국판변형 | 256쪽 | 12,000원

한국과학문화재단 추천도서

생물의 애옥살이
국판변형 | 272쪽 | 12,000원

한국간행물윤리위원회 청소년 권장도서
| 환경부 우수환경도서

꿈꾸는 달팽이
국판변형 | 280쪽 | 12,000원

한국간행물윤리위원회 저작상 | 한국독
서능력 검정시험 대상도서 | 전국독서새
물결모임 선정 추천도서

하늘을 나는 달팽이
국판변형 | 304쪽 | 12,000원

한국출판인회의 선정도서

권오길 교수의
흙에도 뭇 생명이…
국판변형 | 224쪽 | 13,000원

환경부 우수환경도서 | 문화체육관광부
우수교양도서

권오길 교수의
산들에도 뭇 생명이…
국판변형 | 304쪽 | 16,000원

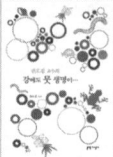

권오길 교수의
강에도 뭇 생명이…
국판변형 | 272쪽 | 14,000원

우수교양도서

당신의 마음속 따스한 울림이 되어줄

'새 아빠'의
숲속 생명 이야기

겨우내 웅크렸던 몸을 활짝 펴고 둥지 짓고 짝을 지으며 대를 잇는 봄,

새 생명이 세상을 마주할 수 있게 애써 키워내는 여름,

북극권의 혹독한 추위를 피해 찾아온

새들이 머무는 가을과 겨울…….

'새 아빠'의 따스한 시선으로 담은

우리나라 새의 한해살이!

생명과학자 김성호 교수와 함께하는
우리 새의 봄·여름·가을·겨울

사륙배판변형 | 176쪽 | 15,000원

★★★ 독자들의 평 ★★★

"저자의 수고 덕분에 앉아서 맑은 새의 눈망울을 원 없이 볼 수 있었다."

"육아 팁을 새들에게서 발견했다."

"깊은 숲속 만나기 힘든 새들을 이 책 한 권으로 바로 눈앞에 있는 것처럼
생생하게 접했다."